JN217387

えっ！ そうなの ?!

私たちを包み込む化学物質

工学博士 浦野 紘平
博士（工学） 浦野 真弥 【共著】

コロナ社

すいせんの言葉

（財）化学物質評価研究機構部長，淑徳大学教授，
明治大学教授等を経て秋草学園短期大学学長

工学博士　北野　　大

　現代社会において合成化学物質の果たしている大きな役割はだれもが認めるところでしょう。一方，合成化学物質は「諸刃の剣」であり，その種々の性状をきちんと理解せずに安易に使用したため，重大な事故や環境汚染を発生させたことも事実です。いまこそ合成化学物質を賢く利用し，また，意図せずにできてしまう化学物質をコントロールすることが私たちに求められています。

　本書の最大の特徴は，扱う化学物質の範囲が非常に広いことです。また，毒性や火災・爆発等の危険性を含めた化学物質の種々の性状についても記述されていることです。化学物質にはどのようなものがあり，どのような役割を果たしているのか，過去にどのような事故や環境汚染が起こったのか，これらをふまえて現在はどのような法的管理がなされているのか，今後の化学物質管理はどうあるべきかなどについて，きわめて平易な表現で，著者の長年の研究者・教育者としての経験と，数多くの引用・参考情報からの具体的なデータに基づいて説明されています。すなわち，化学を専門としない人にも理解できるように記述されています。

　本書のもう一つの特徴は多くの「コラム」記事です。これらは本書の理解を容易にすると同時に，著者の考えを知る良い読み物にもなっています。

　本書を読むことで身近な化学物質の全体像が理解できます。化学を専門とする人だけでなく，化学物質に関心のある多くの方々にぜひ一読をお勧めします。

　2017 年 11 月

は じ め に

　1974 年 ～ 1975 年にかけて，有吉佐和子が，身近にあふれるように使われている化学物質の問題点を長編小説『複合汚染』として朝日新聞に連載し，連載終了前に上巻，連載終了後に下巻を出版してベストセラーになってから，40 年以上が経ちますが，化学物質による問題は終わったのでしょうか。

　私たちの生活を顧みると，合成繊維の洋服を着て，合成皮革の靴を履き，合成化学物質が入った化粧品で化粧し，合成食品添加物が入った食品を食べ，合成プラスチックを使った家のなかで，合成プラスチックを使った家具や道具を使って暮らしていることがわかります。私たちは，これらの「合成化学物質を使った製品の恩恵がなくては生活できない状態」になっています。

　すなわち，良かろうが，悪かろうが，私たちは，数十年前から，シーア・コルボーンらが『Our Stolen Future（邦題：奪われし未来，翔泳社，1997)』で述べているように，「化学物質の海を泳いでいる」ような生活をしています。

　また，人が製造した合成化学物質以外にも，ごみ焼却施設の排ガス等のなかのダイオキシン類や自動車排ガス等のなかの窒素酸化物，あるいは大気中で生成するオキシダントや $PM_{2.5}$（ピーエム 2.5）などのように，製造していない有害な化学物質（非意図的生成物質といいます）も人間活動の増加に伴って急増してきました。

　例えば，つぎの**表**に示すような化学物質による被害の例がありました。

　身近な生活のなかでも，家庭用殺虫剤，食品中の残留農薬，家庭内の塗料やドライクリーニング衣類からの有機溶剤，衣料用洗剤などのさまざまな合成化学物質の使用による影響，あるいは廃棄物焼却などに伴って発生するダイオキシン類汚染による影響など，ご自身だけでなく，お子さんたちやお孫さんたち，さまざまな生き物たちは大丈夫なのでしょうか。

表　化学物質による被害の例

特定場所で被害がでた例	火災・爆発事故による被害
	農薬散布による被害
	ビルの害虫駆除や家庭用殺虫剤使用による被害
	食品の残留農薬による被害
	粉じんによる被害
	有機溶剤による被害
	室内汚染による被害
地域汚染で被害がでた例	放射性物質汚染による被害
	ばい煙汚染による被害
	水銀汚染による被害
	カドミウム汚染による被害
	ダイオキシン類汚染による被害
	有機塩素系溶剤類汚染による被害
	合成洗剤汚染による被害
	大気中での反応生成物質による被害
地球汚染で被害がでた例	PCBなどの残留性有機汚染物質類汚染による被害
	プラスチック汚染による被害
	フロン類汚染による被害
	地球温暖化ガス汚染による被害

　化学物質は多種多様であり，つねに新しい化学物質や新しい用途あるいは新しい汚染源が誕生しています。また，化学物質の製造や使用の国際化，化学物質による汚染のグローバル化も急速に進んでいます。

　これらのため，皆さんは，化学物質については「難しそうだ」と避けながらも，「多少不安を感じている」のではないでしょうか。

　ここ70年程度の間に，人類が誕生してから数十万年の歴史のなかで経験したことがない「化学物質時代」をつくり，その恩恵を享受している私たちは，生活に不可欠となった合成化学物質や非意図的生成物質についての正しい知識を得て，化学物質のプラス面とマイナス面をしっかりと考えて生活する必要があります。

　しかし，化学物質についての基礎知識やプラス面とマイナス面について，一般の人向けに書かれた本は見たことがありません。

　著者の浦野紘平は，大学と大学院で化学と公害についての知識を得たのち，国の公害資源研究所（現在は産業技術総合研究所に統合）を経て，横浜国立大学工学部安全工学科（現在は物質工学科に統合）及び環境情報研究院の環境リスクマネジメント担当の教員として，化学物質が人や生態系に与える影響についての研究と教育を続け，現在は同大学発ベンチャーの有限会社環境資源システム研究所の会長として，環境と資源循環等に関わる調査や技術開発の支援を行っています。また，1990年に，化学物質と環境との調和を目指した「エコケミストリー研究会」を設立し，研究者，教育者，各種産業の企業人，官公庁や民間団体の職員，報道関係者，議員などの幅広い方々との情報共有と意見交換活動を続けています。

　一方，共著者の浦野真弥は，大学と大学院で化学と環境についての知識を得たのち，三つの大学の研究員や教務補佐員を経て，現在は有限会社環境資源システム研究所の社長とエコケミストリー研究会の幹事を務めています。

　これらの経験を生かし，本書では，まず，化学物質にはどんな種類があるのか，いつから急に増えてきたのか，化学工業の発展や資源利用の急増はいつから始まり，どうなっているのか，農薬や化学肥料，プラスチック，電子材料，顔料・染料や塗料，医薬品，家庭用の殺虫剤や殺菌剤，合成洗剤，食品添加物，香料や消臭剤，防炎剤・難燃剤などの私たちを包み込んでいる合成化学物質の普及と貢献はどうなっているのかを紹介した上で，前述の表に示したような化学物質によるさまざまな被害の例を具体的に示しました。

　さらに，化学物質を以下の ① ～ ④ のように分類し，それらの管理のための法律がどうなっているかを紹介しました。

① 放射性物質，アスベスト（石綿），PCB などの POPs，ダイオキシン類，フロン類，地球温暖化ガス等の特定の有害性がある化学物質の管理

② 農業用の農薬や肥料，飼料，工業用や医療用の引火・爆発性物質，毒物や劇物，医薬品，高圧ガス，その他一般化学物質の国内外での管理

③ 職場，建物，自動車，家庭用品，食品中の化学物質の管理

④ 化学物質による大気汚染，悪臭，水質汚濁，土壌汚染，海洋汚染，化学

物質を含む廃棄物の管理

また，生命の歴史のなかでの「化学物質時代」の特異性を確認し，化学物質管理に関する法律の体系化，被害防止対策の強化，合成化学物質忌避者の増加への対応等の改善方法を示し，さらに，これからの新しい方向として，予防原則の徹底，化学物質の毒性情報や物性情報とリスク情報の収集とわかりやすい伝達の促進，及び化学物質のマイナス面の削減を目指したいくつかの活動への支援が不可欠であることを述べました。

すなわち，この本は化学物質についての基礎知識をできるだけわかりやすく説明し，「私たちを包み込んでいる化学物質と上手に付き合う方法」を示したものです。

やや専門的でわかりにくいと思われる部分があるかもしれませんが，読者の皆さんが興味のある部分，読める部分だけでも読んで頂き，また，巻末に示した引用情報源を利用して，興味のある部分についての詳しい情報を入手し，改めて私たちを包み込む化学物質のことを考えて頂ければ幸いです。

2017 年 11 月

著者を代表して　浦野　紘平

目　　　次

1
化学物質とはなにか，
いつごろから急に増えたのか

2
身近な化学物質は
どんな貢献をしているのか

3
化学物質によって
被害がでた例

4

化学物質を管理するための
法律はどうなっているのか

4.1　化学物質管理の法律全体はどうなっているのか

4.2　特定の有害性がある化学物質の管理はどうなっているのか

4.3　農業用の化学物質の管理はどうなっているのか

5
化学物質管理の
これまでとこれから

1

化学物質とはなにか，
いつごろから急に増えたのか

「化学物質」といってもよくわからないという人も多いと思いますが，いま，私たちは，祖先が経験したことがないような合成化学物質に包み込まれ，漬かっているような状態になっています。そこで，この章では，化学物質とはなんなのか？ どのくらいの数があるのか？ どんな会社がいつごろから多種多様な化学物質をつくるようになってきたのか？ それらの原料となる資源はいつまであるのか？ などの基本的な疑問についてまとめました。

1.1　化学物質ってなんのことなのか

1.1.1　化学物質という言葉は使われているのか

空気も水も土も，微生物も植物も動物も，この世に存在するものはすべて原子の組合せでできていますので，広い意味での化学物質（化合物ということもあります）といえます。このため，化学を専門とする人のなかには，「化学物質」という言葉を使うべきでないという人が少なくありません。

一方，人が販売目的で製造した化学物質を「化学品あるいは合成化学物質」ということがあります。

なお，経済産業省，厚生労働省，及び環境省が共同で管轄している，化学物質の審査及び製造等の規制に関する法律（略称：化学物質審査規制法又は化審法）[1),2)]では，合成化学物質の一部を「特定化学物質」といい，特定化学物質の環境への排出量の把握等及び管理の改善の促進に関する法律（略称：化学物質排出把握管理促進法，化管法，又は PRTR 法）[3)]では，非意図的生成物質も含めた化学物質の一部を「特定化学物質」といっています。

　本書では，合成化学物質と非意図的生成物質を「化学物質」としました。

　この「化学物質」の**分類方法**には，おもに，無機物質か，有機物質かで分ける方法（**表1.1**），低分子物質か，大分子物質か，高分子物質かで分ける方法（**表1.2**），及び天然物質か，合成物質か，非意図的生成物質かで分ける方法（**表1.3**）の三つがあります。

表1.1　分類方法 I

無機物質	おもに鉱物由来の金属類や酸素，窒素，硫黄等からできていて，炭素を含まない物質，又は一酸化炭素，二酸化炭素，窒化炭素，二硫化炭素等のように炭素一つに酸素，窒素，硫黄などが付いた物質。
有機物質	おもに生物由来の物質で，炭素と水素でできている物質か，これに酸素，窒素，硫黄，あるいは金属等が付いた物質。

表1.2　分類方法 II

低分子物質	化学物質の基本単位である分子を構成する原子の合計質量（分子量といいます）が300程度以下の物質。
大分子物質	分子量が300程度から1万程度の物質。
高分子物質	分子量が1万程度以上の物質。

　注）　大分子物質も低分子物質に含める場合もあります。また，高分子物質のように分子量に幅があるものや，金属や合金，ガラス，鉱物のように分子に相当するものがないため，分子量がないものもあります。

表1.3　分類方法 III

天然物質	鉱物や動植物から分離した物質ですが，水や空気成分を含むこともあります。
合成物質	天然物を原料として，人が手を加え，なにかの使用目的に適するように原子の組合せを変えた物質。
非意図的生成物質	天然物や合成品が熱分解や燃焼した場合に生成する物質，合成品を製造した場合に副生する製造目的以外の物質，あるいは大気や水域等の環境中に放出された後に生成する物質など，つくろうと思わないのにできてしまう物質。

　例えば，酸素，窒素などの空気成分，硫化水素，二酸化硫黄などの火山性ガス，塩化ナトリウム（通称：食塩），塩化マグネシウムなどの海水成分や水は無機低分子天然物質であり，漬け物に使う硫酸アルミニウム（通称：ミョウバン），肥料の硫酸アンモニウム（略称：硫安）は無機低分子合成物質です。また，水晶や雲母，石綿（別名：アスベスト）は無機高分子天然物質であり，水

処理用凝集剤のポリ塩化アルミニウムは無機高分子合成物質です。なお，金属や合金，ガラス，鉱物などは分子量がない無機物質です。

　アミノ酸類，ビタミン類，ホルモン類等は有機低分子天然物質であり，合成アルコール，キシリトールやズルチン等の合成甘味料，合成ビタミン，合成アミノ酸，各種の合成医薬品などは有機低分子合成物質です。シクロデキストリンなどのオリゴ糖は有機大分子天然物質，ポリエチレングリコールやポリビニルアルコールは有機大分子合成物質です。

　綿，麻，絹等の天然繊維，紙原料のパルプ，動物の皮，多くのタンパク質，デンプン，脂質，石炭などは有機高分子天然物質であり，凝集・分散剤，増粘剤などに使われるポリエチレンオキシド（別名：ポリエチレングリコール），ポリ塩化ビニル（略称：塩ビ）やポリエチレンなどのプラスチックは有機高分子合成物質です。

　また，燃焼によって生成する一酸化炭素，一酸化窒素，二酸化窒素，二酸化硫黄などや腐敗によって生成する硫化水素などは無機低分子非意図的生成物質であり，腐敗や発酵によって発生するメタンやエチレン，酢酸や酪酸，及び臭気成分であるメチルメルカプタンなどは有機低分子非意図的生成物質，燃焼などによって生成するダイオキシン類は有機大分子非意図的生成物質です。

1.1.2　化学物質の数はどのくらいあるのか

　化学物質には，上記の分類のほかに，**単体**（同じ原子が複数結合した分子），**同位体**（質量の違う原子の組合せでできている同じ名前の分子），**異性体**（原子の種類と数は同じで，組み合わされる位置が違う化合物），核子（原子を構成する粒子である陽子と中性子），及び鉱物や素材等の分類もあります。

　〔1〕 単体 の例　　　　酸素（O_2），窒素（N_2），よう素（I_2）などがあります。

　〔2〕 同位体の例　　　　原子量が 12 の炭素でできたメタン（$^{12}CH_4$）と原子量が 13 の炭素でできたメタン（$^{13}CH_4$），原子量が 1 の水素でできた水（H_2O）と原子量が 2 の水素でできた重水（^2H_2O 又は D_2O）などがあります。

　〔3〕 異性体の例　　　　炭素 4 個と水素 10 個でできたノルマルブタン（CH_3-

$CH_2-CH_2-CH_3$）とイソブタン（$CH-(CH_3)_3$），あるいは炭素 4 個と水素 10 個と酸素 1 個でできた 4 種類のブタノール（$CH_3-CH_2-CH_2-CH_2-OH$，

$$CH_3-CH_2-\overset{CH_3}{\underset{|}{C}H}-OH, \quad CH_3-\overset{CH_3}{\underset{\underset{CH_3}{|}}{\overset{|}{C}}}-OH, \quad CH_3-\overset{CH_3}{\underset{|}{C}H}-CH_2-OH),$$

及びジエチルエーテル（$CH_3-CH_2-O-CH_2-CH_3$）とメチルプロピルエーテル（$CH_3-O-CH_2-CH_2-CH_3$）などがあります。

また，これらにはすべて番号が付けられています。

代表的な番号は，**CAS**（キャス）番号といわれるものです。ケミカルアブストラクトサービス（略号：CAS）[4] というアメリカ化学会の下部組織が番号の登録とともに，物質の検索サービスや関係文献，化学反応，供給元，法規制等の検索サービスを行っています。この CAS 番号は，化学物質の特定に使われ，化学物質の輸出入や各国の法律に基づく届出等にも記載が義務付けられることが多くなっています。

なお，日本では，（一社）化学情報協会が CAS の代理団体として，登録番号の取得の取次ぎ業務などを行っています。

この CAS 番号は三つの部分に分かれ，ハイフンでつながれています。左部分は 7 桁（ただし，0 は表記しないので表記の桁はさまざま），中央部分は 2 桁，右部分は 1 桁となっています。また，番号は登録順に付けられていますので，化学構造や性質などとの特別な関係はまったくありません。

例えば，水は 7732-18-5，エタノールは 67-17-5，ポリ塩化ビニル（略称：塩ビ）は 9002-86-2，ポリエチレンは 9002-88-4，原子量 10 のほう素でできているほう酸は 13813-79-1，これの同位体である原子量 11 のほう素でできているほう酸は 13813-78-0 といったような番号が付けられています。

ただし，CAS 番号は，個別の化学物質だけでなく，ガソリン 86290-81-5 のような組成が特定されない混合物，あるいはポリ塩化ビフェニル類 1336-36-3，アスベスト類 86290-81-5，アルコール脱水素酵素類 9031-71-5 などの一群の物質にも一つの番号が付けられています。さらに，それらに含まれる個別の

物質にも別の番号が付けられていることがあるので注意が必要です。

CAS 番号の登録は，1907 年から始まり，急速に登録数が増え，2014 年には登録数が 1 億を超えました。現在は，学術論文や特許，学会発表などの約 4 万以上の情報源から化学物質が登録され，1 年に約 550 万，1 日に約 15 000，1 分間に約 10 も増え続けています。以前から存在が確認されているものは，すでに CAS 番号が付けられていますので，毎年約 550 万もの新しい化学物質が生まれていることになり，増加の勢いはますます大きくなっています。

これらのうちで，工業的に生産されている合成化学物質（化学品ともいいます）の数は，同位体や異性体の数え方によって異なりますが，8 万種類から 10 万種類といわれています。

なお，合成化学物質にはない非意図的生成物質は，ダイオキシン類や多環芳香族炭化水素類（略号：PAHs）とそれらの塩素化物などの一部の物質しか化学構造や物性，及び毒性などがわかっていません。

一方，化学物質の正式名称は，国際純正・応用化学連合（略号：IUPAC）が定めた一定のルールに従って付けられています。しかし，多くの農薬などの複雑な化合物の正式名称は非常に長くなるため，通称が用いられており，また，一つの化学物質にいくつもの名前が付けられていることがありますので注意が必要です。例えば，IUPAC 命名法でのエタン酸は，酢酸のことです。また，IUPAC 命名法でのエチル=(RS)2-[4-(6-クロロノキサリソ-2-イニルオキシ)フェノキシ]プロピオナートは，通称ではキザロホップエチルあるいはキザロホップといわれる除草剤です。

さらに，比較的構造が簡単な化学物質にも通称や俗称が用いられ，複数の名前がある物質があります。例えば，メチルアルコールはメタノール，木精，カルビノール，メチールともいわれ，ホルムアルデヒドは酸化メチレン，メタナールともいわれ，アセトアルデヒドは酢酸アルデヒド，エチルアルデヒド，エタナールともいわれ，ベンゼンもベンゾールといわれることがあります。

ある名前の化学物質が気になったら，インターネットなどで別名も調べてみてください。

1.2　合成化学物質はいつごろから急に増えたのか

1.2.1　化学物質をつくっている会社はいつ育ったのか

　原料を化学反応で加工することによって工業規模で化学物質を製造する工業を化学工業といいます。この化学工業には，鉱石を採掘する鉱業，鉱石を冶金・精錬して金属を得る金属精錬業，鉱物成分や空気成分と水を原料とする無機化学工業，天然の油脂を原料とする油脂化学工業，石炭を原料とする石炭化学工業，石油を蒸発のしやすさで分けるか触媒で分解（クラッキングといいます）して燃料や潤滑用油等の化合物原料を製造する石油精製業，精製した石油を原料とする石油化学工業があります。なお，鉱業，金属製錬業，石油精製業は化学工業とは別に分類されることもあります。

　また，無機化合物を製品とする無機化学工業と有機化合物を製品とする有機化学工業に分類されることもあります。ただし，石油精製の副生物である硫黄が無機化学工業で使われ，また，食塩水の電気分解によって水酸化ナトリウム（苛性ソーダともいいます）とともに製造されている塩素が有機化合物の中間体や製品に使われているように，無機化学工業と有機化学工業とは密接に関係し，両者の境界は不明確になっています。

　〔1〕　**無機化学工業**　　典型的な**無機化学工業**は，ソーダ工業，アンモニア工業，硫酸工業，精密無機化学工業に分けられています。ソーダ工業とは，食塩の電気分解によって得られる水酸化ナトリウムと塩素，及びそれらを原料とした無機化合物を製造する工業をいいます。アンモニア工業とは，アンモニアや硝酸とその塩等の窒素を含む無機化合物を製造する工業をいいます。硫酸工業とは，硫酸や亜硫酸とそれらの塩等の硫黄を含む無機化合物を製造する工業をいいます。精密無機化学工業とは，無機ファインケミカルズともいわれ，医薬品，電子材料，塗料等の特定の用途に使用される無機化合物を製造する工業をいいます。

　なお，各種の化学品の製造時に目的物質の生成反応の速度を速める触媒（お

もに金属酸化物）の製造工業も精密無機化学工業といえます。

　また，1874 年に，一種の無機化合物である半導体が発明され，1951 年には，ケイ素とゲルマニウム等の超高純度単一結晶に，ほかの元素を添加したトランジスタの生産が始まり，さらに小さな集積回路などの電子部品の製造が行われ，電子機器製造業が急速に発展しました。

　〔2〕　**有機化学工業**　　**有機化学工業**は，油脂工業，石炭化学工業，石油化学工業，天然ガス化学工業，高分子化学工業，精密有機化学工業に分けられていますが，これらを兼ねた形態もあります。

　（1）　油脂工業　　**油脂工業**は，動植物からの油脂やロウを分離・精製又は加工してさまざまな製品を生産する工業をいい，油脂製造工業と油脂加工工業に分けられます。

　油脂製造工業では，なたね油，ごま油，綿実油，魚油が製造されていましたが，その後，水圧式圧搾機による大豆油や，やし油等の生産も始められました。

　油脂加工工業では，当初は石けんの工業生産が行われ，戦争時は爆薬原料のグリセリンなどの生産が多くなり，最近はマーガリンの生産が盛んになっています。

　（2）　石炭化学工業　　**石炭化学工業**は，石炭からコークスをつくる際の副生ガスである水素や一酸化炭素，芳香族炭化水素（水素が付いた炭素が六角形の環状に結合したベンゼン及びベンゼンの水素が水素の付いた炭素と交換した化合物など）を原料とした化学工業です。この石炭化学工業は，南アフリカ共和国で，人種隔離（アパルトヘイトといいます）を避けるために，自国産の石炭を利用する工業として発展しました。

　（3）　石油化学工業　　**石油化学工業**は，石油からアスファルトなどの沸点の高いものを除いたナフサと呼ばれる成分を原料として，さまざまな有機化合物を生産する化学工業をいいます。この石油化学工業は，1920 年に，アメリカのスタンダード・オイル社がプロピレン（炭素 3 個に水素 6 個が付いた化合物）を原料としてアルコールの一種であるイソプロパノールを合成してから急速に発展しました。例えば，ナイロンやポリエチレンなどの合成繊維や合成

樹脂のみならず，酢酸やエチルアルコール（通称：エタノール）のような発酵によって生産されていた化合物も石油からつくられるようになりました。

　この石油化学工業の主要な原料化合物は，エチレン，プロピレンなどのオレフィン系炭化水素類（水素が付いた炭素が鎖状につながっている化合物）とベンゼン，トルエン，キシレンなどの芳香族炭化水素類です。このうち，芳香族炭化水素類は石油に含まれていますが，エチレン，プロピレンなどの分子量の小さなオレフィン系炭化水素類は石油に含まれていません。このため，石油から得たナフサを水素と反応させて分子量の小さな化合物にした後に，加熱して蒸発のしやすさで分離・精製（精留といいます）して得ています。

　エチレンからは，代表的なプラスチックであるポリエチレンやポリ塩化ビニルのほかに，エチルアルコール，エチレングリコールなどがつくられ，プロピレンからは，プラスチックのポリプロピレンのほかにグリセリンなどがつくられています。また，ベンゼンからは，フェノールやニトロベンゼンなどがつくられ，トルエンからは，火薬原料のトリニトロトルエンなどがつくられ，キシ

💡 コラム１：70 年程度前には合成化学物質はほとんどなかった

　70 年程度前には，合成繊維がほとんどなく，多くの衣類は綿か麻か羊毛でできていて，特別高級なものは絹でできていました。プラスチックもなかったので，食器や箱は陶磁器や木でできたものだけでした。ボールペンやシャープペンなどもありませんでした。革靴も高価だったので，おもに木製の下駄を履いていました。テレビもお金持ちの人しか持っていませんでした。このため，テレビのあるおそば屋さんや食堂に行ったり，お金持ちの友達の家に行って，当時人気のあったプロレス放送などを見たりしていました。また，東京でも大きな道路に牛車や馬車が走り，牛フンや馬フンが落ちているのを拾って肥料にしていました。

　ここ 70 年程度で合成化学物質が激増し，生活を一変させたことから，これから 70 年後に，化学物質によって生活がどのように変化するのかは予測ができません。だからこそ，化学物質のマイナス面をしっかりとコントロールすることがとても重要なのです。

レンからは，テレフタル酸，フタル酸などがつくられています。

（4） 天然ガス化学工業 　**天然ガス化学工業**は，以前はおもに天然ガスの主成分であるメタン（炭素1個に水素4個が付いた化合物）と水との反応で生成する一酸化炭素と水素からメチルアルコール（通称：メタノール）を合成し，このメタノールから多くの化合物をつくる C_1（シーワン）工業でした。しかし，最近は，エタン（炭素2個に水素6個が付いた化合物）から水素2個をとったエチレンをつくり，このエチレンからさまざまな合成化学物質をつくる工業が主流になってきています。

（5） 高分子化学工業 　**高分子化学工業**は，石炭化学工業や石油化学工業で得られた低分子化合物を多数結合させてポリエチレンやポリプロピレン等のプラスチックや繊維をつくる工業をいいます。

（6） 精密有機化学工業 　**精密有機化学工業**は，有機ファインケミカルズとも呼ばれ，医薬品，電子材料，塗料，染料，香料等の特定の機能を持った有機化合物をつくる工業をいいます。

1.2.2　日本化学工業協会と化学会社

　合成化学物質の普及に伴って，1948年に日本化学工業協会（略称：日化協)[5]が設立され，その後，一般社団法人になりました。この(一社)日本化学工業協会の会員会社には，以下のような会社があります。

① 合成化学物質の原料となる基礎合成化学物質を製造している会社

② 特定の機能を持つ合成化学物質を製造している会社

③ 基礎合成化学物質や特定機能合成化学物質を混合して特定用途の製品を製造している会社

④ 化学繊維を製造するとともに，布も製造している会社

⑤ プラスチックの加工をしている会社

⑥ 合成化学物質を輸出入・販売している会社

⑦ 合成化学物質を使った部品を使用した製品を製造している会社

⑧ それらの二つ以上を行っている会社

　なお，②のうちで，主として医薬品を製造している会社は製薬会社，④は繊維会社，⑤はプラスチック加工会社，⑥は商社，⑦は部品を使用した各製品の業種として，別に分類されていることもあります。

　2016年時点の売上高が20番目までの化学会社は，(株)三菱ケミカルホールディングス，富士フィルムホールディングス(株)，住友化学(株)，旭化成(株)，三井化学(株)，花王(株)，旭硝子(株)，信越化学工業(株)，積水化学工業(株)，昭和電工(株)，DIC(株)，日東電工(株)，東ソー(株)，(株)資生堂，エア・ウオーター(株)，宇部興産(株)，ユニチャーム(株)，(株)カネカ，日立化成(株)，三菱ガス化学(株)です。

　なお，これらの会社の設立からの経緯や製品等の詳細については，各会社のウェブサイトに示されています。

1.2.3　化学物質の原料資源はいつまであるのか

〔1〕**無機資源**　　硫酸，硝酸，塩化水素（塩酸），りん酸等の酸，水酸化ナトリウム，炭酸ナトリウム，水酸化カルシウム，アンモニア等の塩基（アルカリ），及び各種の金属化合物等の無機合成化学物質となる**無機資源**としては，窒素や酸素等の原料となる空気，ナトリウムやマグネシウムやウラン等の原料となる海水，水素等の原料となる水，及び硫黄やりんや金属類等の原料となる鉱物資源が用いられています。これらのうち，空気や水と海水は，実質的に無限にあると考えられます。

　一方，多くの金属は，地球表面（地殻といいます）に広く存在していますが，利用するためには，目的とする金属成分を多く含む鉱石が集まっているところ（鉱床）から掘り出して目的金属を取り出すこと（製錬といいます）が必要です。

　鉱床は，地球の天候，地殻変動，火山，あるいは生物活動等によってできてきます。例えば，現在の主要な鉄の鉱床は，雨等によって岩石中の鉄分が海へ流され，この海水中の鉄分と藻の光合成による酸素とが結合して酸化鉄となって海底に沈殿したものが，地殻変動等で地上に現れたものと考えられています。そのほかに，地下のマグマで熱せられた熱水が鉱物や元素を溶かしながら

噴出して固まった熱水鉱床があり，海底熱水鉱床もあります。また，火山活動によって地表に出た硫化水素と二酸化硫黄から生成する硫黄鉱石，古代の動植物や微生物の死骸あるいは水鳥の糞等からできたりん鉱石などもあります。

このりん鉱石の経済的に採掘可能な量（可採埋蔵量）は，（独)石油天然ガス・金属鉱物資源機構[6]によると，2014年現在では，約180億トンと推計されています。また，国別のりん鉱石の可採埋蔵量は，中国が37％，モロッコが32％，南アフリカが8.3％，アメリカが6.7％，ヨルダンが5.0％等となっています。すなわち，中国とモロッコの上位2か国の可採埋蔵量が約69％を占め，これら2か国の影響が大きいといえます。

なお，りん鉱石の2010年の採掘量は，約1億6600万トンと推定され，国別では中国が約36.3％，アメリカが約15.9％，モロッコが約13.9％，ロシアが約6.0％，チュニジアが約4.5％を占めています。

〔2〕 **有機資源**　エチルアルコールやグルコース（別名：ブドウ糖）及びポリエチレンなどのプラスチック等の有機合成化学物質の原料となる**有機資源**としては，石油，天然ガス，石炭等の化石燃料資源（鉱物資源の一種）あるいは天然の動植物が用いられています。

（1） 石油資源　**石油資源**は，1973年の第一次石油危機のときには「あと30年で枯渇する」とされていましたが，2005年にも「現在の消費量で割れば，あと40年は供給できる」とされたように，毎年増加してきました。

（独)石油天然ガス・金属鉱物資源機構[6]が，石油や石炭及び金属鉱物資源等についてのさまざまな情報を発信しています。

また，資源エネルギー庁の平成28（2016）年度版エネルギー白書[7]によると，精製前の石油である原油の可採埋蔵量は，**図1.1**のようになっています。ここで1バレルは約0.16 m^3 で，1億バレルは約1600万 m^3（m^3 は kL と等しい）になります。また，「可採年数」とは，現時点の技術で採算の合うコストで採掘可能な埋蔵量を，その年度の生産量で割った値のことです。ただし，この可採年数は，現時点での消費量が続くという前提での値であることに注意が必要です。すなわち，開発途上国の工業化や生活方法の変化によって，石油の

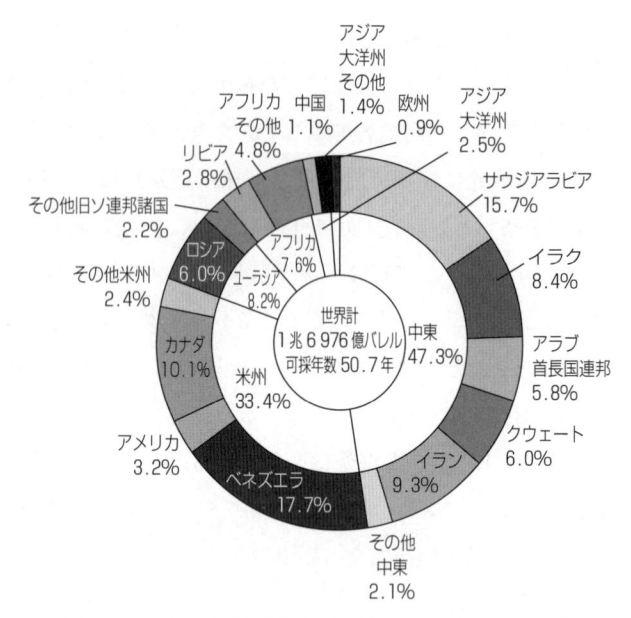

図1.1 原油の確認可採埋蔵量と国別割合（2015年末）[7)]

消費量が増加すると短くなります。一方，人類がいずれは採掘できると考えられる埋蔵量を「究極可採埋蔵量」といい，現在は3兆バレル，可採年数は68年と考えられています。

（2）　天然ガス資源　　**天然ガス資源**については，究極可採埋蔵量が806兆 m^3，現在の年間生産量の232年分とされています。

一方，現在の技術と価格を前提として，経済的に引合う可能性がある2015年末までに確認されている可採埋蔵量は，**図1.2**に示すように，約187兆 m^3，現在の生産量での可採年数は52.8年とされています[7)]。

また最近，頁岩に含まれる油や天然ガス（シェールオイルといいます）が発見され，採掘技術の進歩で利用が増えてきました。このシェールオイルの究極可採埋蔵量は，米国エネルギー省エネルギー情報局によると，石油換算で約3兆5000億バレルとされています。このうちのどれだけが経済的に引き合う可採埋蔵量になるかは不明確ですが，石油の可採埋蔵量と同等程度以上になると考えられています。

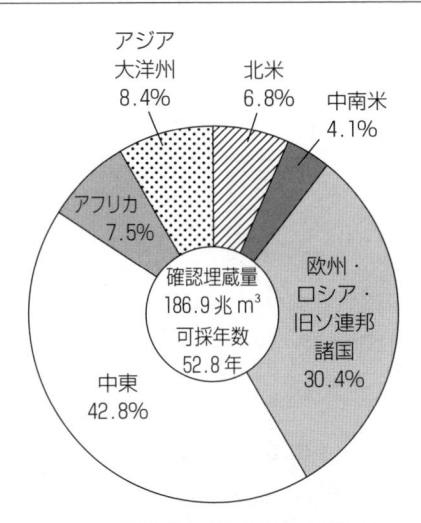

図1.2　天然ガスの確認可採埋蔵量と
国別割合（2015年末）[7]

（3）石 炭 資 源　　**石炭資源**については，究極可採埋蔵量は3.4兆トン
で，可採年数は109年とされ，2015年末までに確認されている可採埋蔵量は，
図1.3に示すように，約8915億トンとされています[7]。

アメリカ，ロシア，中国，オーストラリア，インドの順に石炭の可採埋蔵量
が多く，これら5か国で72%を占めています。

なお，（一財）日本エネルギー経済研究所によると[8]，日本は，2017年度に，
約2億200万kLの石油，1億9100万トンの石炭，LNG換算で7900万トン
の天燃ガスを使用し，その大半を輸入しています。

可採埋蔵量は，新しく資源が発見されたり，採掘技術が進歩すると増えてき
ます。シェールオイルがその例です。さらに，一度使ったプラスチックから石
油と同じようなものをつくったり，植物や微生物などから石油と似たような液
体燃料をつくる方法も開発されてきています。

特に，石油が不足すると値段が上がるので，経済的に採掘できる量が増えま
すし，新しい石油資源を探したり，石油類似物の開発が進みます。

また，地球温暖化に影響する二酸化炭素の発生量を抑えるために，石炭や石

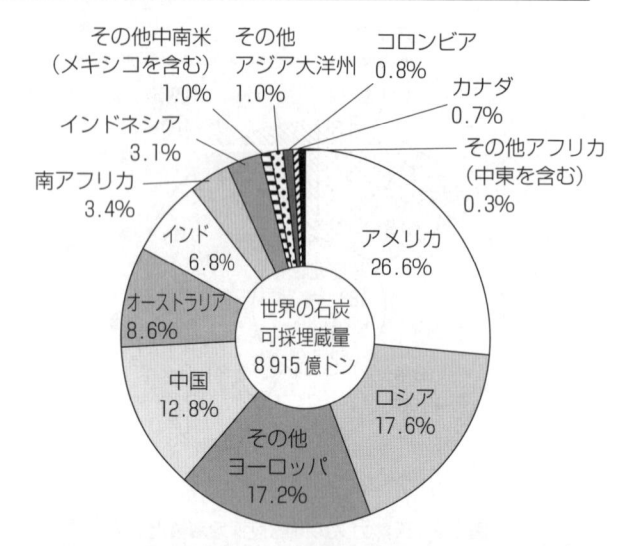

図1.3 石炭の確認可採埋蔵量と国別割合（2015年末）[7]

油，天然ガスを，おもに化学物質原料に利用し，化学原料にできない一部分だけを燃料として利用する方法を開発，利用することが検討されてきています。

　このようなさまざまな事項によって，石油などがあと何年でなくなるのかは大きく変わります。

（4）　動植物資源　　**動物資源**は，生育場の保護や人工飼育によって，利用に見合う量を再生しなければ枯渇してしまう可能性があります。また，**植物資源**は，おもに森林からの木材が建設・建築用に使われているほかに，開発途上国では薪として，先進国では紙や繊維の原料として大量に使われています。この植物は光と二酸化炭素と肥料成分があれば生育しますが，熱帯地域等では生育量より利用量（消費量）が多いために，天然の森林が急激に減少してきています。このため，植林を増やす努力や草から紙をつくる工夫のほかに，伐採した木の利用しにくい部分の森林への返還，化学肥料の散布，あるいは紙のリサイクル等もされています。

　しかし，木が利用できる大きさまで育つには時間がかかりますので，木の生育量と消費量とのバランスを考えることが必要です。

2

身近な化学物質は
どんな貢献をしているのか

さまざまな「化学物質」が，私たちの現代生活を支えています。そこで，この章では，農業の安定化と収穫の増加を実現したり，生活を豊かにし，生活の質を向上させている身近な化学物質についてまとめました。

2.1　農業の省力化と収穫量の増加や安定化に貢献している

2.1.1　農薬にはどんな種類があるのか

〔1〕　農薬の歴史　　1851 年に，フランスのグリソンが硫黄と石灰を混ぜたものに農産物の病気の抑制に効果があることを発見しましたが，1880 年ごろに，同じフランスで，硫酸銅と石灰の混合液であるボルドー液がブドウの病気を防ぐために使われたのが農薬の始まりとされています。ボルドー液は，日本にも導入されましたが，毒性が強く，現在ではほとんど使われていません。

一方，1924 年に，ヘルマン・シュタウディンガーらによって，殺虫効果がある除虫菊の主成分がピレトリンという化学物質であることが解明されました。また，1932 年には，日本の武居三吉らによって，農業用殺虫剤として使われていたデリス根の有効成分がロテノンという化学物質であることが明らかにされました。このころから，日本でもさまざまな農薬が普及し始め，農業生産の省力化と生産量の増加や安定化に大きく貢献してきました。

農薬取締法（略称：農取法）[9]では，農薬とは「農作物（樹木及び農林産物を含む。以下，農作物等）を害する菌，線虫，ダニ，昆虫，ネズミその他の動植物又はウイルス（以下，病害虫）の防除に用いられる殺菌剤，殺虫剤，その

他の薬剤及び農作物等の生理機能の増進又は抑制に用いられる成長促進剤，発芽抑制剤その他の薬剤をいう」と定義されています。また，病害虫の防除のために利用される天敵や微生物も生物農薬とされています。この生物農薬は，化学農薬に比べて毒性や薬剤耐性がない利点がありますが，害虫を全滅できないことや効果の発揮が遅い等の欠点もあります。このほか，アイガモも，雑草や害虫を駆除するので特定農薬として指定されています。

なお，収穫後に使われる防カビ剤等のポストハーベストは，農薬ではなく，食品添加物として扱われています。

〔2〕　**農薬の種類**　　農薬は，主たる効果によって，作物に有害な菌を減らす殺菌剤，カビの発生や増殖を防ぐ防黴剤，作物に有害な虫を減らす殺虫剤，雑草を除く除草剤，ネズミを殺す殺鼠剤，作物の成長をコントロールする植物成長調整剤（略称：植調又は植物ホルモン剤）等に分類されていますが，二つ以上の効果をもった農薬もあります。

また，農薬の有効成分を使いやすい形にしたものを製剤といい，形態によって，粒剤，粉剤，乳剤，水和剤，水溶剤，油剤，その他に分類されています。

（1）　粒剤・粉剤　　粒剤とは，有効成分に鉱物粉等を混ぜて粒状にしたものをいい，水に溶かさずにそのまま散布します。粒径が 0.3 mm 〜 1.7 mm 程度の一般的な粒剤のほかに，粒径が 106 μm 〜 300 μm 程度の微粒剤，粒径が 63 μm 〜 212 μm 程度の微粒剤 F があります。また，水稲用の殺虫剤や殺菌剤を水溶性の膜で包装して水田に投げ込み，水田中で膜が溶けて有効成分が溶出するようにしたパック剤もあり，散布機が不要で，飛散がないのが特徴とされています。

粉剤とは，有効成分に粘土等の増量剤を混ぜ，必要に応じて安定剤を加えて粒径 45 μm 以下の粉状にしたものをいい，水に溶かさずに，そのまま散布します。粒径 10 μm 以下の粒子を少なくし，凝集剤を加えて飛散を抑えた DL 粉剤，及び粒径 5 μm 以下の微粉で施設内に浮遊，拡散させて作物に均一に付着させるフローダスト（略号：FD）剤があります。

（2）　乳　　　剤　　乳剤とは，水に溶けにくい有効成分を有機溶剤に溶

かし，さらに水になじみやすくするために界面活性剤を加えたものをいいます。使用時に水で希釈すると乳液（エマルジョン）になります。また，水に溶けにくい有効成分を高分子の膜や界面活性剤等で被覆して水に分散させた濃厚エマルジョン（略号：EW）剤もあります。これは，有機溶剤を使わないので，危険物にあたらない利点があります。さらに，水に溶けにくい有効成分を，最少限の有機溶剤や界面活性剤で水に分散させて液状にしたマイクロエマルジョン剤もあります。

（3）水和剤　　水和剤とは，水に溶けにくい有効成分を界面活性剤や結合剤と混ぜて微粉状にし，水になじみやすくしたものをいいます。水で希釈して使います。飛び散らないように界面活性剤や結合剤とともに粒状に成形した水和性顆粒剤又はドライフロアブル剤というものもあり，また，溶剤に溶けにくい固体有効成分の微粒子を水に分散させた粘稠な液状のフロアブル（略号：FL 又は SC）剤もあります。また，フロアブル剤と EW 剤を含み，希釈・調整後の特性はフロアブル剤とほぼ同じにした SE 剤，さらに，使いやすいように水和剤を水溶性フィルムで包装した水溶性包装製（略号：WBS）剤もあります。

（4）水溶剤・油剤　　水溶剤とは，水に溶ける有効成分に増量剤や界面活性剤を加えて一層水に溶けやすくした粉末又は粒状製剤をいい，そのまま使うものと，水で希釈して使うものがあります。なお，水溶液にした液剤もあります。

　油剤とは，水に溶けにくい有効成分を有機溶剤に溶かした油状の液体をいい，多くは，そのまま使います。また，油剤のうちで水田の田面水に広げるものを水面展開剤又はサーフ剤といいます。

（5）その他　　その他には，錠剤，燻蒸剤，燻煙剤，エアゾール剤，マイクロカプセル剤，ペースト剤，シクロデキストリン剤等があります。

　錠剤とは，水溶剤や水和剤の一定量を錠状に成形したものをいい，ゲル状の製剤を水溶性フィルムで包んだものもあり，水で希釈して使います。

　なお，水田用除草剤の錠剤や水溶性フィルム包装の粒剤のうち，畦から投げ

込んで使うものをジャンボ剤ということもあります。

燻蒸剤とは，常温又は水を入れて有効成分を気化させて利用するものをいい，燻煙剤とは，着火又は加熱することによって有効成分を気化させて利用するものをいいます。

エアゾール剤とは，液化天然ガス（略号：LNG）に有効成分を溶かし，ガスの圧力でスプレーできる缶に入れたものをいいます。

マイクロカプセル剤とは，有効成分を高分子膜で被覆して数 μm ～ 数百 μm のカプセル状にしたものをいいます。

ペースト剤とは，有効成分に鉱物粉等に混ぜて糊状にしたものをいい，塗布して使います。

シクロデキストリン剤とは，オリゴ糖の1種であるシクロデキストリンに農薬成分を結合させて，光，温度等の影響を受けにくくしたものです。

なお，空中散布専用で，有効成分を有機溶剤に高濃度で溶かしたものを微量散布用剤といいます。

また，農薬の有効成分を肥料に混ぜたものを複合肥料といいます。

2.1.2　農薬はどのくらい使われているのか

〔1〕　農薬の用途別出荷量　　農林水産省によると，平成元（1989）農薬年度 ～ 26（2014）農薬年度（前年10月 ～ 当年9月までを農薬年度といいます）の農薬の生産・出荷量の推移[10]は，**図2.1**のようになっています。全体としては，減少傾向となっていますが，除草剤は平成23（2011）農薬年度以降はやや増加傾向になっています。

また，農薬工業会の農薬情報局[11]によると，2015農薬年度の農薬の国内生産量と出荷額は，**表2.1**のようになっています。

なお，農林水産省の「農業生産資材（農機，肥料，農薬，飼料など）コストの現状及びその評価について」[12]によると，平成21（2009）年に原料の値上りと世界的な需要増で1割程度値上りし，平成26（2014）年にもさらに値上りしています。

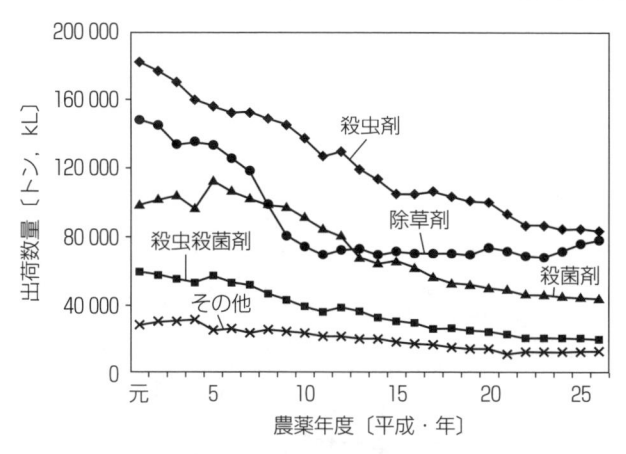

図 2.1　農薬の用途別出荷数量の推移（農林水産省）[10]

表 2.1　農薬の生産量と出荷額の例（2015 農薬年度）[11]

種　類		数　量〔トン，kL〕	金　額〔100万円〕	種　類		数　量〔トン，kL〕	金　額〔100万円〕
水稲	殺虫剤	11 682	12 896	その他	殺虫剤	3 571	6 932
	殺菌剤	6 547	10 431		殺菌剤	1 013	5 937
	殺虫殺菌剤	15 005	32 017		殺虫殺菌剤	2 438	1 713
	除草剤	30 028	64 829		除草剤	15 167	22 220
	小　計	63 261	120 172		小　計	22 188	36 802
果樹	殺虫剤	7 657	22 097	上記計	殺虫剤	63 059	98 509
	殺菌剤	6 228	19 719		殺菌剤	37 952	74 917
	殺虫殺菌剤	518	342		殺虫殺菌剤	20 332	36 844
	除草剤	4 270	7 856		除草剤	60 378	115 955
	小　計	18 673	50 014		小　計	181 721	326 225
野菜・畑作	殺虫剤	40 149	56 584	分類なし	植物調整剤	1 388	5 075
	殺菌剤	24 164	38 830		殺そ剤	30	38
	殺虫殺菌剤	2 371	2 772		補助剤	3 377	3 020
	除草剤	10 913	21 050		その他	63	1 512
	小　計	77 598	119 236		小　計	4 858	9 645
					合　計	186 578	335 869

〔2〕　農薬の面積当たり使用量の国際比較　　各国の農耕地面積1 ha（100 a，10 000 m²）当たりの有効成分換算の農薬使用重量〔kg〕の変化は，本川裕氏の「社会実情データ図禄主要国の農薬使用量推移」[13]によると，国連食糧農業

機関（略号：FAO）の 2013 年報告では**図2.2**のようになっています。ただし，イタリアの 1995 年 〜 1996 年の減少はデータの取り方の変更によるとされています。

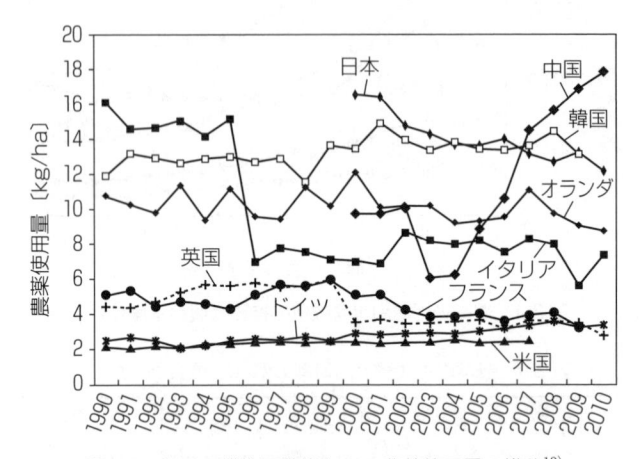

図2.2　各国の耕地面積当たりの農薬使用量の推移[13]

　日本，韓国，中国等の東アジアの国で農薬使用量が多くなっているのがわかります。東アジアで使用量が多いのは，モンスーンの影響で夏は高温多湿となって病虫害の被害が多くなること，米の生産量が多く，稲に農薬が多く使われていることなどが理由とされています。特に，農業の集約化が進んできている中国では 2005 年以降，農業生産量の増加を目的にして，農薬使用量が急増し，2007 年以降は世界一となっています。

🍵 コラム2：無農薬・低農薬の農作物が人気

　合成農薬の使用量を大幅に減らしたり，合成農薬を使用しない農作物が生活協同組合などで販売され，人気になっています。特に，子どもの体に農薬を入れたくないと思う子育て世代のお母さんたちが増えています。

　これは，子どもたちにアレルギーが増えていることが背景にあるのかもしれません。ただし，アレルギーと食品の残留農薬との関係は明らかではありません。

　一方，多くの国では横ばいか，減少傾向にあり，農薬使用量が比較的多い日本，オランダ，イタリアは減少傾向にあります。また，EU（欧州連合）諸国では，2008年の農薬規制の強化，有機農業の普及，非化学農薬（生物農薬等）の普及，農薬の効率的利用，環境意識の高まり等の影響によって，合成農薬の使用量が減少する傾向になっています。例えば，オランダは，輸出向けを含めた野菜や花きなどの集約園芸が特徴であり，面積当たりの化学肥料や農薬の使用量が多く，農薬大国として知られていましたが，輸出先であるドイツの環境意識の高まりや国内での農薬多用に対する反対運動により，天敵（生物農薬の一種）の活用等による環境保全型農業への積極的な転換が図られています。

　なお，アメリカ，ドイツ，フランスといった米以外の穀物生産農業の比重が高い国は，単位面積当たりでは農薬使用量は少なく，アメリカでは横ばい，ドイツでは増加傾向，フランスではやや減少傾向です。

　一方，日本では，2006年に，約800種類の農薬の使用量の規制（ポジティブリスト制）が導入されたことなどもあり，減少傾向が続いています。ただし，耕地面積当たりの農薬使用量は，アメリカの約6倍，イギリスの約4倍，フランスやドイツの約3.6倍になっています。

2.1.3　化学肥料にはどんな種類があるのか

〔1〕　**肥料の定義と必須元素**　　世界の人口は産業革命以降に急激な増加を始め，2012年には70億人を超え，発展途上国を中心に増加の一途をたどっています。いままでは，この人口増加による食料需要の増加を，**化学肥料**の開発，移民等による新しい土地の開拓，新しい耕作法や品種の開発，新しい灌漑法の開発等で解決してきました。これらのなかで，化学肥料による収穫量増加への貢献はかなり大きいといえます。

　肥料取締法[14]では，肥料とは「植物の栄養に供すること又は植物の栽培に資するため土壌に化学的変化をもたらすことを目的として土地に施される物及び植物の栄養に供することを目的として植物に施される物をいう」と定義されています。これによると，土壌だけではなく，葉面散布等の形で使われるものも

肥料とされます。ただし，もともと土壌中に含まれていた栄養素は「肥料分」といい，肥料とは区別されています。

　植物の生育には，窒素，りん，カリウム，カルシウム，酸素，水素，炭素，マグネシウム，硫黄，鉄，マンガン，ほう素，亜鉛，ニッケル，モリブデン，銅，塩素の17元素が必要とされ，これらは必須元素といわれています。また，ナトリウム，けい素，セレン，コバルト，アルミニウム，バナジウムの6元素は必須ではありませんが，植物の成長を助ける有用元素といわれています。

　必須元素のうち，酸素や水素は水から得られ，炭素は空気中の二酸化炭素から得られ，硫黄，鉄，マンガン，ほう素，ニッケル，モリブデン，亜鉛，銅，塩素は，通常の日本の土壌では不足することは少ないものです。ただし，強いアルカリ性の石灰質土壌や貝化石土壌等では，これらの一部が植物に利用されにくいので，人工的に与える必要があります。

　一方，窒素，りん，カリウムは，植物が多量に必要としているために，肥料として与える必要があり，**肥料の3要素**といわれています。

〔2〕　肥料の3要素等

（1）　窒素肥料　　窒素肥料は，おもに植物を大きく成長させる作用，特に葉を大きくさせる作用があるため，葉肥（はごえ）ともいわれています。この窒素肥料には，硫酸アンモニウム（略称：硫安），塩化アンモニウム（略称：塩安），硝酸アンモニウム（略称：硝安），尿素，石灰窒素，硝酸カリウム（カリウム肥料でもあります）等の合成化学物質，あるいはタンパク質やアミノ酸を含む有機質の肥料が使われています。ただし，アンモニウム型肥料の窒素は，即効性がありますが，土壌中の微生物によって硝酸に変化して雨で流失しやすい欠点があり，また，使いすぎるとアンモニアガスが発生して植物自体に障害を与える場合があります。一方，有機質の窒素肥料や尿素等は，土壌中でゆっくりとアンモニウムに変化し，長期間効果があります。

（2）　りん酸肥料　　りん酸肥料は，開花や結実に効果があるため花肥（はなごえ）又は実肥（みごえ）ともいわれています。このりん肥料には，第一りん酸カルシウムと硫酸カルシウムの混合物である過りん酸石灰，りん酸二水素カルシウム（重過りん

酸石灰ともいいます），りん鉱石にけい酸とマグネシウムを含む岩石を混合した後に焼成した熔成りん肥等があります。重過りん酸石灰は水溶性で即効性があり，過りん酸石灰や熔成りん肥は水溶性が低いので長期間効果があります。

（3） カリウム肥料 カリウム（略称：カリ，加里）肥料は，根の発育作用や細胞内の浸透圧調整作用があるため，根肥ともいわれています。このカリ肥料には，塩化カリウム（略称：塩加），硫酸カリウム（略称：硫加）等の合成化学物質が使用されています。カリウム肥料は水溶性が高いので雨で流失しやすい欠点があるため，少しずつ追肥（おいごえともいいます）で与えるのが良いとされています。

（4） その他元素 上記の肥料の3要素にカルシウムとマグネシウムを加えて，肥料の5要素ということもあります。カルシウム肥料は，おもに細胞壁を強くし，作物の病気への耐久性を強化する作用があります。このカルシウム肥料には，酸化カルシウム（別名：生石灰），水酸化カルシウム（別名：消石灰），炭酸カルシウム（略称：炭酸石灰）等が使われ，土壌の酸性化を防ぐ効果もあります。

マグネシウムは，葉緑素形成に不可欠な物質です。このマグネシウム肥料には，酸化マグネシウムや炭酸マグネシウム等があり，苦土ともいわれています。

なお，カルシウム，マグネシウムと硫黄は，植物に必要な中量要素ともいわれていますが，硫黄は，日本の土壌に硫酸塩や硫化物として十分に含まれているので肥料とはされていません。

〔3〕 有効元素以外での分類 肥料は，上記のような有効元素による分類のほかに，特殊肥料と普通肥料，有機肥料と無機肥料と配合肥料，単肥と複合肥料，又は酸性肥料，中性肥料，アルカリ性肥料のようないくつかの**分類方法**があります。

（1） 特殊肥料と普通肥料 特殊肥料とは，農林水産大臣が指定した堆肥や米ぬか等で肥料成分が少なく，公定規格を設定できない肥料のことで，平成12（2000）年から，肥料取締法に基づいた基準事項に従った成分表示をす

ることになっています。なお，特殊肥料のうち，有価で購入した人糞や家畜の糞尿等を金肥（きんぴともいいます）といわれることもあります。

一方，普通肥料とは，特殊肥料以外の肥料で，植物の植え付けやその前に与える元肥と，植物の生育途中に与える追肥に分類されています。

（2）有機肥料と無機肥料　有機肥料とは，動植物性資材を原料とした肥料で，徐々に分解されて肥料成分が植物に吸収されるため，即効性は低いのですが，長期間効果が持続します。また，有機肥料の一部には，タンパク質やアミノ酸が作物の細胞内に取り込まれ，分解酵素によって消化されて利用されたり，直接利用されるものがあり，作物の栄養や味に影響するとされています。

一方，無機肥料とは，おもに無機化合物からなる合成化学肥料ですが，天然の鉱物もあります。多くのものは，水に溶けやすく，即効性がありますが，雨で流失されやすいため，定期的に追加する必要があります。また，長期間使用すると，土壌の酸性化による障害の原因となることがあります。

なお，持続性を持たせるために，樹脂や硫黄で覆い，覆いの厚さによって有効日数を1か月から1年程度に調節したものや，アンモニウムなどの微生物による硝酸化を抑制する薬剤を混合して遅効性窒素肥料としたものもあります。

また，有機肥料と無機肥料を混合したものを配合肥料といいます。

（3）単肥，複合肥料と化成肥料　肥料の3要素の一つを含むものを単肥といい，単肥を混合して肥料の3要素の2種類以上を含むものを複合肥料といいます。また，複数の単肥を加工して3要素の2種類以上を含むようにしたものを化成肥料といい，肥料の3要素の合計が30％以上のものを高度化成肥料，30％未満のものを低度化成肥料といいます。

これらの化成肥料には窒素，りん酸（P_2O_5換算），カリウムの割合が表記されています。例えば，「10-8-8」という表示は，窒素が10％，りん酸とカリウムがそれぞれ8％含まれる低度化成肥料であるとわかるようになっています。

（4）酸性肥料，中性肥料，アルカリ性肥料　肥料の水溶液が酸性か中性かアルカリ性かで，化学的酸性肥料，化学的中性肥料，化学的アルカリ性肥

料に分類されます。また，肥料の有効成分が植物に吸収された後に，土壌が酸性に傾くか，アルカリ性に傾くか，中性のままかによって，生理的酸性肥料，生理的アルカリ性肥料，生理的中性肥料に分類することもあります。

　例えば，硫酸カリウムは，水溶液は中性で化学的中性肥料ですが，有効成分のカリウムが植物に吸収されると土壌には酸性の硫酸が残るので，生理的酸性肥料となります。また，硝酸カリウムは，水溶液は中性で化学的中性肥料ですが，有効成分のカリウムと窒素が植物に吸収されると中性になるので，生理的中性肥料となります。

　なお，低濃度の肥料成分を含む活力剤，活力液，酵素肥料等と呼ばれるものが微生物活動の弱った土壌を活性化させるものとして販売されていますが，これらは肥料ではなく，肥料として販売すれば違法行為となります。

〔**4**〕　**肥料元素の資源**　　肥料の5要素のうちで，窒素は空気から，カリウム，カルシウム，マグネシウムは海水や鉱物から十分に得られます。

　一方，りん資源は，前述したように，枯渇が心配されています。特に，日本はりん鉱石を全量輸入に頼っていますので，下水等からりん酸を回収して肥料に利用することを真剣に検討することが必要です。

　例えば，年間およそ55 000トンのりんが下水に捨てられ，そのうち6 000トンしか有効利用されていないことから，国土交通省が，下水中のりん回収を進めるための手引書[15)]を出しています。

　下水からのりん回収方法には，水酸化りん酸カルシウム（ヒドロキシアパタイトともいいます）の結晶を形成させる方法（略称：HAP法），りん酸マグネシウムアンモニウムの結晶を形成させる方法（略称：MAP法），焼却灰のアルカリ抽出法，部分還元溶媒法などがあります。それぞれの方法には長所と短所があり，規模や回収したりん化合物の利用者との関係で選ばれていますが，りんが回収されていない下水も少なくありません。

2.1.4　化学肥料はどのくらい使われているのか

農林水産省の「肥料をめぐる事情平成27（2015）年版」[16)]によると，日本の

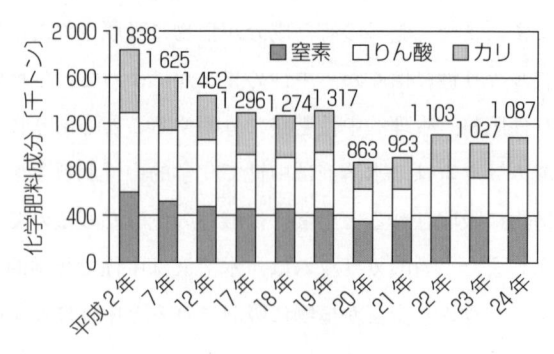

図 2.3　化学肥料成分の国内需要量の変化[16]

化学肥料の有効成分換算需要量の変化は，**図 2.3** のようになっています。

　肥料の使用量は平成 20（2008）年には肥料原料の大幅値上がりによって前年に比べて 34 ％以上も減りました。特に，りん酸肥料がおよそ 42 ％，カリ肥料もおよそ 37 ％減りました。その後，少し増え，最近は合計でおよそ 110 万トン，そのうち窒素肥料とりん酸肥料がそれぞれ 40 万トン程度，カリ肥料が 30 万トン程度になっています。

　なお，新藤純子の 2010 年の発表[17]によると，2007 年時点での各国の耕地面積当たりの肥料使用量は，**図 2.4** のようであり，日本が中国に次いで多く，特に，りん酸肥料の使用量が多いことがわかります。

　日本は，耕地面積当たりの肥料使用量が世界平均の 2 倍，特にりん酸肥料は世界平均の 3 倍以上です。また，アフリカや旧ソ連での耕地面積当たりの肥料

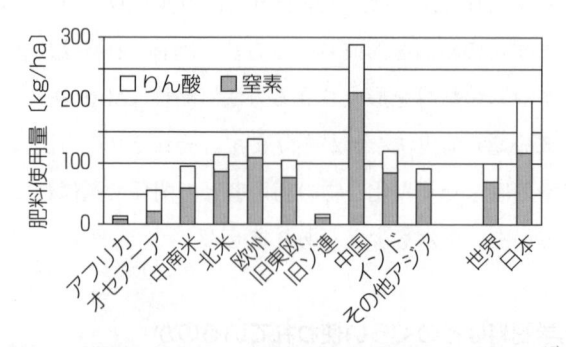

図 2.4　耕地面積当たりの肥料使用量の国際比較（2007 年）[17]

使用量は日本の10分の1以下です。一方，中国での耕地面積当たりの肥料使用量は日本の1.4倍以上で世界一，特に窒素肥料の使用量が多くなっています。この窒素肥料は，すでに記したように，雨などで流れてしまうことから，必要量以上に使うことが多いのですが，窒素が増えすぎて問題になる場合もあります。

なお，化学肥料の世界的消費量は，耕地面積が広い中国が約60%，インドが約27%であるのに比べると，日本は約1.1%となっています。

2.2 プラスチックによって生活が豊かになっている

2.2.1 プラスチックにはどんな種類があるのか

〔1〕 プラスチックの種類と略号　　軽くて丈夫で，安価な**プラスチック**（合成樹脂）の利用は，各種の工業製品や家庭用品の品質向上と低価格化によって生活を豊かにしました。

この合成樹脂は，形を自由に変えられる性質（可塑性といいます）があることから，可塑性物質を意味するプラスチックといわれています。なお，天燃ゴム等の天然樹脂もありますが，天然プラスチックということはありません。

また，プラスチックには，熱で柔らかくなって形が変えられる樹脂（熱可塑性樹脂といいます）と熱で硬くなって形が戻らなくなる樹脂（熱硬化性樹脂といいます）とがあります。

熱可塑性樹脂は，用途によって，汎用プラスチック，エンジニアリングプラスチック（略称：エンプラ），スーパーエンジニアリングプラスチック（略称：スーパーエンプラ）に分けられています。

汎用プラスチックは，家庭用品や電気製品の外箱，雨どいや窓のサッシ等の建築資材，及びフィルムやクッション等の梱包材に大量に使われています。これには，高密度，中密度，低密度のポリエチレン，ポリプロピレン，ポリ塩化ビニル，ポリ塩化ビニリデン，ポリスチレン，ポリ酢酸ビニル，ポリウレタン，ポリテトラフルオロエチレン，アクリロニトリルブタジエンスチレンポリ

表2.2　プラスチック（合成樹脂）類の種類と略号

		樹脂名	略号	樹脂名	略号	樹脂名	略号
熱可塑性樹脂	汎用プラスチック	高密度ポリエチレン	HDPE	中密度ポリエチレン	MDPE	低密度ポリエチレン	LDPE
		ポリプロピレン	PP	ポリ塩化ビニル	PVC	ポリ塩化ビニリデン	PVDC
		ポリスチレン	PS	ポリ酢酸ビニル	PVAc	ポリウレタン	PUR
		ポリテトラフルオロエチレン	PTFE	アクリロニトリルブタジエンスチレンポリマー	ABS	アクリロニトリルスチレンポリマー	AS
		アクリルポリマー	PMMA				
	エンジニアリングプラスチック	ポリアミド	PA	ポリアセタール	POM	ポリカーボネイト	PC
		変性ポリフェニレンエーテル	m-PPE/PPO	ポリエチレンテレフタレート	PET	グラスファイバー強化ポリエチレンテレフタレート	GF-PER
		ポリブチレンテレフタレート	PBT	環状ポリオレフィン	COP		
	スーパーエンジニアリングプラスチック	ポリフェニレンスルファイド	PPS	ポリテトラフロロエチレン	PTFE	ポリサルフォン	PSF
		ポリエーテルサルフォン	PES	ポリエーテルエーテルケトン	PEEK	熱可塑性ポリイミド	PI
		ポリアミドイミド	PAI	ガラス繊維強化プラスチック	GFRP	炭素繊維強化プラスチック	CFPR
熱硬化性樹脂		フェノール樹脂	PF	エポキシ樹脂	EP	メラミン樹脂	MF
		尿素樹脂	UF	不飽和ポリエステル樹脂	UP	アルキド樹脂	ALK
		ポリウレタン	PUR	熱硬化性ポリイミド	PI		

マー，アクリロニトリルスチレンポリマー，アクリルポリマーがあります。

熱硬化性樹脂は，硬くて，熱や溶剤に強いので，電気部品や家具の表面処理，灰皿，焼付け塗料等に使われています。これには，フェノール樹脂（略号：PF），エポキシ樹脂（略号：EP），メラミン樹脂（略号：MF），尿素樹脂（ユリア樹脂ともいいます，略号：UF），不飽和ポリエステル樹脂（略号：UP），アルキド樹脂（略号：ALK），ポリウレタン（略号：PUR），熱硬化性ポリイミド（略号：PI）があります。

プラスチック類の種類と略号を**表2.2**にまとめて示しました。

〔2〕 **代表的なプラスチックの用途と種類**

（1） ポリエチレンの用途と種類　ポリエチレンは，ボトル，箱，バケツやパイプなど成形品に使われている比重が 0.93 ～ 0.96 の高密度ポリエチレン，袋やマヨネーズなどの容器に使われている比重が 0.91 ～ 0.93 の低密度ポリエチレンに分けられますが，比重が 0.93 ～ 0.942 のものを中密度ポリエチレンという場合もあります。なお，軟らかいシートやフィルム，ラミネートや成形品に使われている比重が 0.9 以下の超低密度ポリエチレン（略号：VLDPE）というものもあります。

また，ラップや袋に使われている枝分かれしていない比重 0.94 以下のポリエチレンを直鎖状低密度ポリエチレン（略号：LLDPE），強度が高く機械の部品などに使われている重合度の大きな（分子量 100 万 ～ 700 万程度）ポリエチレンを超高分子量ポリエチレン（略号：UHMWPE）ということもあります。また，それらもさらにいろいろな種類に分けられています。

（2） エンジニアリングプラスチックの用途と種類　エンジニアリングプラスチックは，家電製品や CD 等の記録媒体等の歯車や軸受等の強度や壊れにくさを要求される部分に使われています。これには，ナイロン等のポリアミド，ポリアセタール，ポリカーボネート，変性ポリフェニレンエーテル，ポリエステルであるポリエチレンテレフタレートやグラスファイバー強化ポリエチレンテレフタレート，ポリブチレンテレフタレート，及び環状ポリオレフィンがあります。

スーパーエンジニアプラスチックは，さらに熱変形温度が高く，長期使用できる樹脂です。これには，ポリフェニレンスルファイド，ポリテトラフロロエチレン，ポリサルフォン，ポリエーテルサルフォン，ポリエーテルエーテルケトン，熱可塑性ポリイミド，ポリアミドイミドがあります。

（3）　繊維強化プラスチックの用途と種類　　合成樹脂とほかの材料を混合してつくられた複合材料の一種として，繊維強化プラスチックがあります。代表的なものには，ガラス繊維強化プラスチック（略号：GFRP）と炭素繊維強化プラスチック（略号：CFRP）があります。ガラス繊維は引っ張り強度がプラスチックよりはるかに高いので，成型部品の強度向上によく使われています。炭素繊維は，ガラス繊維よりさらに強度が高く，高価ですが，軽いのが特徴で，航空機等に使われています。

（4）　フィルム等の用途と種類　　フィルムには，ポリエチレン，ポリプロピレン，ポリスチレン，ポリ塩化ビニル等が使われ，パイプにはポリ塩化ビニルが多く使われ，機械等の部品には，ポリプロピレンやポリスチレン，発泡材には，ポリウレタンやポリスチレン，容器には，ポリエチレンやポリプロピレンが多く使われ，日用雑貨には，ポリプロピレン等が多く使われています。

2.2.2　プラスチック製品に付けられているマーク

プラスチック製品に付けられているマークには，**表2.3**に示したような品質や安全性等を表示する各種の業界等で定められたマークが付けられています。

　また，家庭用品品質表示法によって，プラスチック製品のうち，洗面器，たらい，バケツ，浴室用の器具，かご，盆，食事用，食卓用，台所用の器具，ポリエチレン又はポリプロピレン製の袋，可搬型便器及び便所用の器具等の家庭用品には，**図2.5**のように，原料樹脂名，耐熱温度，容量，取扱い上の注意，表示者の名称，連絡先（住所・電話番号）等を表示するように定められています。

表2.3　プラスチック製品に付けられているマーク

マーク	名　称	機　関	内　容
JIS	JIS（日本工業規格）マーク	民間の認証機関	製造業者自身が，国の基準や国際的な基準（ISO/IEC基準などがあります）に合っていることを民間の認証機関が認めた製品に付けています。
Si	SGマーク	（一財）製品安全協会	消費生活用製品安全法に基づいて設立された製品安全協会が，製品の安全性を認定した製品に付けています。プラスチック製品では，浴槽のふた，携帯用簡易ライター，ヘルメット，湯たんぽ等に付けられています。
ST	STマーク	（一社）日本玩具協会	食品衛生法や電気用品取締法に基づいて，安全基準に合格した玩具に付けています。共済制度が設けられており，事故時には補償が受けられます。
エコマーク	エコマーク	（公財）日本環境協会エコマーク事務局	環境への負荷が少ない等，環境保全に役立つと認められる商品に付けています。
プラ	プラスチック製容器包装マーク	プラスチック容器包装リサイクル推進協議会	資源有効利用促進法によってプラスチック製の容器包装（ボトル，トレイ，袋等）を分別して排出，収集するために付けています。
PET	PETボトルマーク	PETボトルリサイクル推進協議会	再生資源利用促進法第二種指定によって回収，再利用するために，飲料用，しょうゆ，酒類等の特定調味料用のPETボトルに付けています。
PETボトル再利用品	PETボトル再利用品マーク	PETボトルリサイクル推進協議会	自治体又は事業系ルートで回収され，再商品化されたフレーク，ペレット又はパウダーが25%以上使用され，かつ品質や安全性についても関係法規，基準等に合っている製品に付けています。
JHP	JHPマーク	塩ビ食品衛生協議会（JHP）	食品容器・包装，器具，その他の製品に使用するポリ塩化ビニルについての自主規格に合格した製品に付けています。
自主基準合格マーク	自主基準合格マーク	ポリオレフィン等衛生協議会	食品の包装・容器器具に使用する各種の合成樹脂について設けた自主基準に合格した製品に付けています。
衛検済マーク	衛検済マーク	日本プラスチック日用品工業組合	衛生規格基準に合格した飲食器や割烹具等のプラスチック製の日用品や器具に付けています。
品検済マーク	品検済マーク	日本プラスチック日用品工業組合	品質（機能）の安全性を確保するために設けた基準に合格した製品に付けています。
推奨	灯油用ポリエチレンかん推奨マーク	日本ポリエチレンブロー製品工業会	JIS規格 JIS Z 1710に従った検査に合格したことを確認した灯油用ポリエチレンに付けています。
グッドデザインマーク	グッドデザインマーク	（一財）日本産業デザイン振興会	デザインの優れた商品を推奨するために付けています。
グリーンプラ	グリーンプラ識別マーク	日本バイオプラスチック協会	微生物によって安全に分解して自然界へ循環し，重金属等を含まない製品に付けられています。

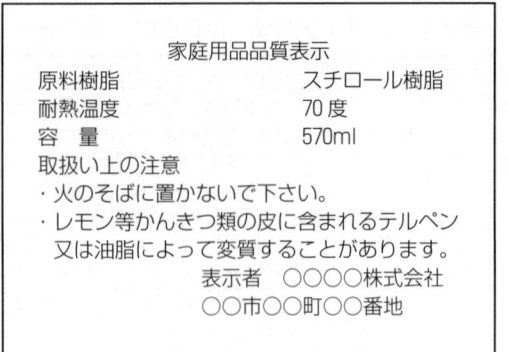

家庭用品品質表示
原料樹脂   スチロール樹脂
耐熱温度   70度
容　量   570ml
取扱い上の注意
・火のそばに置かないで下さい。
・レモン等かんきつ類の皮に含まれるテルペン
　又は油脂によって変質することがあります。
　　　　　　表示者　○○○○株式会社
　　　　　　○○市○○町○○番地

図2.5　表示の具体例

2.2.3　プラスチックはどのくらいつくられているのか

〔1〕　日本の生産量　　（一社）プラスチック循環利用協会の「プラスチックリサイクルの基礎知識」[18]によると，**合成樹脂原材料**の国内生産量は，**図2.6**のように変化しています。

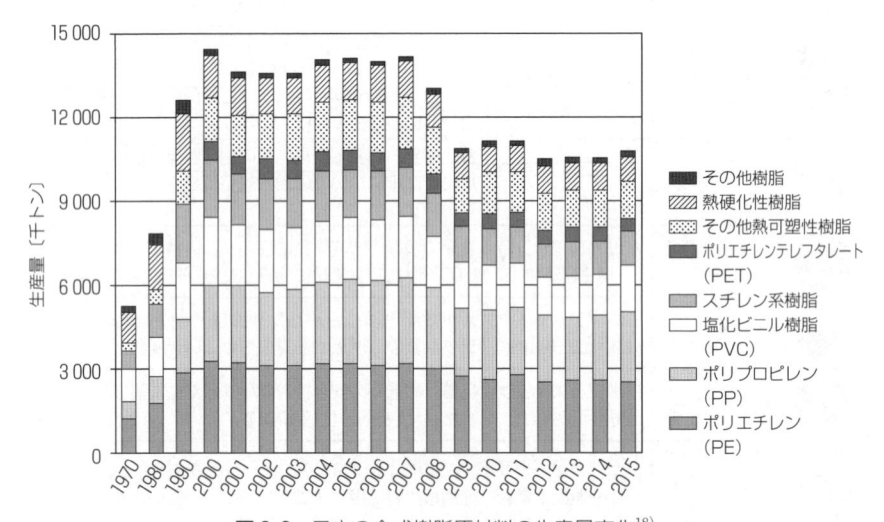

図2.6　日本の合成樹脂原材料の生産量変化[18]

塩ビ工業・環境協会の「プラスチック原材料の生産推移」[19]によると，2015年の合成樹脂の生産量は約1 083万トン，そのうちで，ポリエチレンが約261万トン，ポリプロピレン約250万トン，ポリ塩化ビニルが約164万トン，ポリ

スチレンが約 121 万トンで，これらで約 796 万トン，約 73% になっています。

なお，これらの合成樹脂を加工する方法には，圧縮成形法，射出成形法，押出成形法，熱成形法，カレンダー成形法，中空成形法，インフレーション成形法等があります。

また，合成樹脂のほとんどは，自然界で分解しないので，環境中に排出されると長期間残ってしまうことが大きな問題になっています。このため，微生物によって分解されるポリ乳酸，ポリカプロラクトン，ポリヒドロキシアルカノエート，ポリグリコール酸，変性ポリビニルアルコール，カゼイン，変性デンプン等の生分解性プラスチックも製造されてきています。しかし，価格が高いこと，耐久性や機能性が劣ること，再生利用がしにくいこと等の欠点があり，現在の生産量は年間数万トンで，合成樹脂の合計生産量である千数百万トンに比べると極少量です。

しかし，カネカが，微生物から 3-ヒドロキシブチレート-co-3-ヒドロキシヘキサノエート重合体（略号：PHBH）の年間 1 000 トンの生産を始めたこと等，新しい生分解性プラスチックの安価な大量生産が始まってきています。

また，デンプン，セルロース，ポリビニルアルコール（略号：PVA）等の生分解性材料と通常のプラスチックとの混合物を部分生分解性プラスチックといいます。これは，生分解性材料が分解された後に，微細なプラスチック粒子（マイクロプラスチックといいます）になります。このマイクロプラスチックが環境中で悪影響がないような使い方や捨て方を考える必要があります。

合成樹脂は種類が多く，性質もそれぞれ異なるので，使用目的に合った樹脂製品を選ぶとともに，使用に際しての注意事項を守ることが大切です。

〔2〕 **世界の生産量** 日本プラスチック工業連盟の「世界と主要国のプラスチック生産量」[20]によると，2010 年 ～ 2012 年の各国の合成樹脂生産量は，**表2.4**に示すようになっています。世界の生産量は徐々に増加していますが，日本の生産量は徐々に減少し，2012 年時点で，世界全体の約 3.7% となっています。

また，2013 年のプラスチックの生産量を人口 1 人当たりでみると，韓国が

表2.4 各国の合成樹脂生産量[20]

〔千トン〕

	2010年	2011年	2012年
アメリカ	46 633	46 814	48 057
中 国	43 607	47 982	52 133
日 本	**12 242**	**11 212**	**10 520**
韓 国	13 028	12 922	13 355
台 湾	6 331	5 959	5 880
ドイツ	18 550		
ベネルクス	9 275		
フランス	7 950	50 400	49 000
イタリア	5 300		
英 国	3 975		
スペイン	3 975		
その他	94 134	104 711	109 055
合 計	**265 000**	**280 000**	**288 000**

約 262 kg, 台湾が約 251 kg, アメリカが約 151 kg, 日本が約 83 kg となっています。世界平均では約 39 kg で, 中国の約 38 kg とほぼ同じになっています。中国の人口が世界人口の 19％ くらいですので, 今後, 中国での使用量が増えると大きな影響があります。

2.3 機能性化学物質によって生活が豊かになっている

2.3.1 電子材料によって便利な電気・電子製品が使えるようになっている

〔1〕 電子機器の普及 **電子材料**は, ラジオ, テレビ, パソコン, プリンター, 携帯電話, ゲーム機, ビデオカメラ, デジタルカメラ, CD・DVD プレイヤー, 電卓, 電子辞書, カーナビゲーション等の**電子機器**の中核となる半導体や液晶, 基板等の部品や材料として, 現在の豊かな生活を支えています。

電子機器の普及をリードしたのはテレビで, 平成天皇のご成婚があった 1959 年ごろから急速に普及し, 1969 年には, 日本のテレビ生産台数が世界一になりました。また, テレビの普及以後, さまざまな電子機器が普及してきま

した。例えば，総務省の平成 28（2016）年版情報通信白書の「インターネット普及状況」[21]の情報通信機器の普及状況（世帯）によると，2006 年〜 2015年の電子機器の世帯保有率の変化は**図2.7**のようになっています。

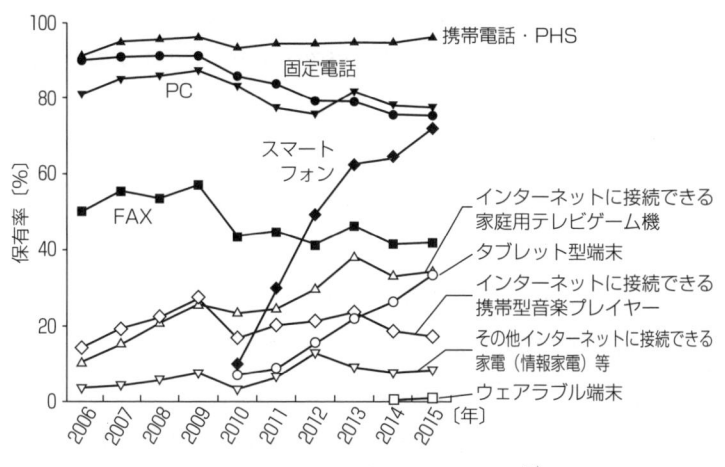

図2.7　電子機器の世帯保有率の変化[21]

　昭和時代には，カラーテレビ，冷蔵庫，洗濯機はほとんどの家に普及していました。しかし，1989（平成元）年になっても携帯電話の保有率は 0.3%，パソコンの保有率は 11.0%，FAX の保有率は 5.0%でした。また，その他の電子機器はほとんどありませんでした。

　固定電話の保有率は 2005 年〜 2009 年には約 90%でしたが，2010 年からは減少して 2015 年には約 75.6%になり，携帯電話・PHS の保有率は 95%前後に増え，パソコンの保有率は 1999 年頃から増加し，2006 年以降 76%〜 87%程度で推移しています。また，FAX の保有率は 1999 年ごろから増加し，2009 年に約 57%になりましたが，2010 年から 45%前後になっています。一方，2010年からスマートフォンの保有率が急増し，2016 年には約 72%となっています。さらに，さまざまな情報通信用電子機器も出回っていることがわかります。

　〔2〕　電子材料の生産　　これらの電子機器の普及に伴って，使用される電子材料も急速に生産量が増加しました。この電子材料には，セラミック材

料，金属材料，磁性材料，及びこれらの表面をコーティングしたり，微細加工したもの等，さまざまなものがありますので，電子機器の普及に伴って，化学工業だけでなく，金属工業やそれらの加工業も大きく発展しました。

　今後もさまざまな電子機器が開発，利用されると考えられますが，電子機器には，金や銀，レアメタルなどの貴重な資源が使われていますので，使用済み電子機器のリサイクルを進めることが重要になっています。

2.3.2　染料・顔料・塗料によって身のまわりが色彩豊かになっている

　染料は，布などに色や模様を付け，衣類などを楽しいものにしています。この染料は，水などに溶けて衣を構成する物質と結合する有機化合物です。

　なお，蛍光染料は，蛍光を発して色をあざやかにする染料です。また，蛍光増白剤が洗剤に加えられていることもあります。

　顔料は水などに溶けない色の付いた微小な粒子で，塗料，インキ，プラスチック，織物，化粧品，食品などに色を付けるために加えられています。

　この顔料には，ススを原料とする黒，クジャク石を原料とする緑青，炭酸カルシウムや酸化チタン，酸化亜鉛などの白，酸化鉄の赤などの無機顔料と，窒素と窒素の結合や環構造などをもつ有機化合物である有機顔料があります。

　塗料は，顔料と樹脂などを有機溶剤や水に溶かして住宅やビル，あるいは家具などに塗られるもので，有機溶剤や水の揮発に伴って顔料と樹脂の膜が形成され，建物や部屋や家具などの雰囲気を良くするとともに，材料の劣化を防ぐものです。

　なお，印刷インキは色を付ける 15％ 〜 25％の有機顔料や無機顔料と，10％ 〜 30％の樹脂成分，これらを溶かす 30％ 〜 50％の石油系溶剤やアルコール類，あるいは亜麻仁油や大豆油などの乾きやすい乾性油，及び 1％ 〜 10％の補助剤からできています。

2.3.3　合成医薬品によって健康が守られ，病気が治されている

　合成医薬品は，健康の保持と疾病の治療に使われ，長寿社会を支えている重

要な合成化学物質です。

　なお，広い意味の医薬品には，医療用医薬品と一般用医薬品のほかに，歯磨きや毛染め等の医薬部外品，及び化粧品までを含むことがありますが，ここでは，医療用医薬品と一般用医薬品を医薬品とします。

　〔1〕　**医薬品の分類**　　医薬品には，医師又は歯科医師の処方箋に従って，薬局で入手する医療用医薬品のほかに，対面販売が必要な要指導医薬品と，インターネットや郵便等を通じて薬局・薬店・ドラッグストア等で購入できる第一類医薬品，第二類医薬品，第三類医薬品があります。

　(1)　要指導医薬品　　要指導医薬品は，初めて市場に登場した取り扱いに十分注意が必要な薬品で，販売に先立って，薬剤師が使用者（購入者）の情報を聞くとともに，書面によってその医薬品に関する説明を行うことが原則とされています。

　(2)　第一類医薬品　　第一類医薬品は，副作用，相互作用等の項目について，安全上，特に注意を要するものです。販売店はすぐに手の届かない場所に陳列し，薬剤師が書面によって対面での情報提供をすることが義務付けられています。

　(3)　第二類医薬品　　第二類医薬品は，副作用，相互作用等の項目について安全上，注意を要するものです。これには，かぜ薬や解熱剤，鎮痛剤等の日常生活で必要性の高い製品が多くあります。専門家からの情報提供は努力義務となっています。なお，このなかで，より注意を要するものは指定第二類医薬品とされています。

　(4)　第三類医薬品　　第三類医薬品は，第一類医薬品や第二類医薬品に相当するもの以外の一般用医薬品です。

　〔2〕　**医薬品売上高**

　(1)　日本での売上高　　製薬業界に関する情報サイト Answers News の「最新版国内製薬企業 2016 年度決算ランキング」[22]によると，2016 年度時点での日本の製薬会社の売上高は，武田薬品工業(株)が約 1 兆 7 321 億円，アステラス製薬(株)が約 1 兆 3 117 億円，大塚ホールディングス(株)が約 1 兆 1 196

億円, 第一三共(株)が約 9 551 億円, エーザイ(株)が約 5 391 億円, 中外製薬
(株)が約 4 918 億円, 田辺三菱製薬(株)が約 4 240 億円, 大日本住友製薬(株)
が約 4 116 億円, 協和発酵キリン(株)が約 3 430 億円, 塩野義製薬(株)が約
3 389 億円, 大正製薬ホールディングス(株)が約 2 798 億円, 以下, 小野薬品
工業(株), 参天製薬(株), 日医工(株), 明治ホールディングス(株), 帝人
(株), 久光製薬(株), 旭化成(株), 沢井製薬(株), キョーリン製薬ホールディ
ングス(株)などとなっています。

　また, 日本医薬品卸連合会の「卸医薬品販売額に占める医療用・一般用医薬
品の年次別推移」[23]によると, 日本の医療用医薬品と一般用医薬品の販売額の
推移は, **図 2.8** のようになっています。

　1990 年度から 2013 年度まで, 一貫して医療用医薬品の販売額が増加し続
け, 2013 年度には 1990 年度の約 2 倍の 8 兆 7 700 億円になり, 2014 年度には
一時的に減少しましたが, 2015 年度には 9 兆 2 200 億円になっています。

　この医薬品の販売額は, 乳幼児から老人までを含めた人口 1 人当たりで年間
およそ 8 万円となり, 医療費とともに大きな社会負担となっています。

（2）　世界の売上高　　Answers News の「製薬会社世界ランキング」[24]に
よると, 2016 年時点での世界中の製薬会社の売上高は, アメリカのファイザー
社が 1 位で約 528.24 億ドル, スイスのロシュ社が 2 位で約 515.88 億ドル, ス

☕ コラム 3 : スイスの特徴は時計生産だけではない

　スイスは, 18 世紀に王侯貴族を相手にした高級時計の部品を輸出してい
ましたが, 1850 年に懐中時計の量産が始まり, 世界の有名時計ブランドが
立地し, 時計生産の中心地となりました。

　しかし, それだけでなく, 優れた医者, 遺伝学者, 薬理学者, 植物学者
などの専門家を集め, 多くの資金を投じて医薬品の開発を進め, 多くの特
許を出しています。また, スイスは, 大学でのライフサイエンスの教育や
研究に力を入れ, 関連の人材養成と開発を行っています。これらの努力に
よって, スイスは, 2014 年時点での医薬品の輸出額が, 全輸出額の 34%に
もなっています。

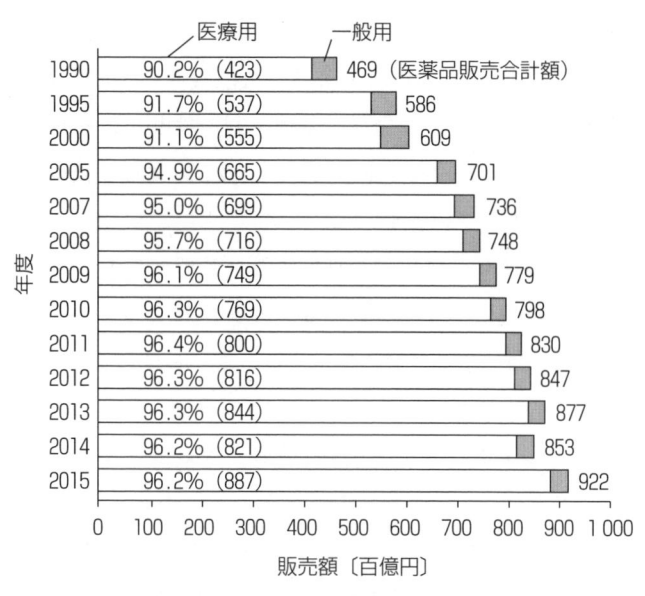

図 2.8　医薬品の国内販売額の推移[23]

イスのノバルティス社が 3 位で約 485.18 億ドルとなっており，日本の武田薬品工業(株)が 18 位で約 159.35 億ドル，アステラス製薬(株)が 20 位で約120.67 億ドル，大塚ホールディングス(株)が 24 位で約 109.99 億ドルとなっています。

　なお，経済協力開発機構(略号：OECD) の Health at a Glance 2015[25] によると，2013 年時点の人口当たりの医薬品購入額は，米国が 1 026 ドルで 1 位，日本が752 ドルで 2 位，OECD 加盟国の平均が 515 ドル，デンマークが 240 ドルであり，世界的に見ても，日本人の医薬品購入額がかなり多いことがわかります。

2.4　家庭での化学物質使用によって生活の質が向上している

2.4.1　家庭用殺虫剤によって衛生的な生活ができるようになっている

〔1〕　**家庭用殺虫剤の主要成分**　　**家庭用殺虫剤**は，ゴキブリ，カ，ハエ，ダニ等を防除するためのものが主ですが，これらにネズミ駆除剤や犬猫忌避剤

を加えたものとされることもあり，衛生的で快適な生活を支えています。

　これらの家庭用殺虫剤は，エアゾール剤，蚊取線香，電気蚊取，加熱なしで拡散させる燻煙剤，加熱して蒸発させる燻蒸剤，殺虫プレート等の樹脂蒸散剤，粉剤，液剤，虫除け剤，ベイト（餌）剤，及びハエ取り紙やゴキブリ粘着器等の捕獲器に分類されています。

　特定化学物質の環境への排出量の把握等及び管理の改善の促進に関する法律[3]についての「PRTR インフォメーション広場」[26]によると，家庭用殺虫剤に含まれる化学物質には，農薬成分のフィプロニル，o−ジクロロベンゼン，p−ジクロロベンゼン，トリクロルホン，ピリダフェンチオン，フェニトロチオン，フェンチオン，ペルメトリン，ほう素化合物，プロポキスル，フェノブカルブ，ジクロロボスというものがあります。

　これらのうち，フィプロニル，ペルメトリン，フェノブカルブは白アリ駆除にも使われ，ほう素化合物はゴキブリや白アリの駆除用，p−ジクロロベンゼンは衣料品防虫用にも使われています。

　特に，家庭内のカやハエ等の駆除には，ピレスロイド系の化学物質が多く使われています。例えば，吊り下げ型殺虫剤には，トランスフルトリンやエムペントリン等のピレスロイド系の化学物質が使われています。また，殺虫スプレーには，おもにフタルスリンやレスメトリンが使われ，蚊取線香や蚊取マットには，アレスリン等が使われています。

　これらの「スリン」や「トリン」と付くものは，ピレスロイド系の神経系に作用する化学物質です。なお，虫も人間も神経の構造はほぼ同じですが，ほ乳類には神経に届くまでに解毒する機能があるとされています。

〔2〕　虫除け剤の主要成分　　**虫除け剤**（忌避剤ともいいます）の主成分は，ディート（略号：DEET）と呼ばれる化学物質です。

　このディートを飲み込んだときの経口急性毒性は非常に低く，毒物や劇物ではなく，普通物として扱われますが，皮ふを通した毒性が高いことや眼刺激性等があることには注意が必要です。例えば，厚生労働省の「薬事・食品衛生審議会医薬品等安全対策部会安全対策調査会資料」[27]によると，2005 年 〜 2009

年の5年間に，発赤，湿疹等の皮ふ障害が183件，呼吸器への影響が3件，目への影響が3件，神経への影響が2件，その他への影響が16件あったとされています。特に，乳幼児への使用には注意が必要です。

なお，虫除け剤を肌の露出部分全体に塗る人がいますが，ディートの効果は，塗ったところの周辺に及びますので，露出部分の一部に塗れば効果があり，過剰な使用はしないことが賢い使い方です。

最近，網戸に虫が付かないようにするスプレー剤がはやっていますが，これの有効成分は，ピレスロイド系殺虫剤と忌避剤のディートの混合物です。両者とも人への毒性は低いとされていますが，網戸を通った空気が室内に入ります。特に気化しやすいディートは室内に入る可能性があります。

虫嫌いで網戸用スプレーを使う人は，極微量のダイオキシン類やPCB，内分泌かく乱物質（環境ホルモン），残留農薬等を心配している人が多いと考えられますが，これらよりも濃度が高い殺虫剤や虫除け剤の過剰な使用や使用方法にも注意する必要があります。

〔3〕 日本の売上高　フマキラー(株)の2016年3月期の決算資料[28]によると，2016年見込みの国内の家庭用殺虫剤の種類別売上高は**表2.5**のようになっています。

コラム4：吊り下げ型虫除け剤は，どんな虫に効くのか

吊り下げ型の虫除け剤のパッケージには，カやハエに効くような絵が書いてありますが，裏面には，ユスリカやチョウバエに効果があると記されていることがあります。カやハエは，ゴキブリ，ノミ，ダニと同じ「衛生害虫」であり，この「衛生害虫」を避けたり殺したりする薬品は，医薬品又は医薬部外品としての難しい審査による許可が必要です。しかし，ユスリカやチョウバエは「不快害虫」ですので，これらの害虫を避けたり殺したりする薬品には審査や許可が不要です。衛生害虫にも同じように効果があるのですが，毒物及び劇物取締法[29]や化学物質の審査及び製造等の規制に関する法律[1),2)]の対象外のものは自由に使えることになっています。

表2.5 国内家庭用殺虫剤の種類別
売上高（2016年見込み）[28]

種　類	売上高〔億円〕
不快害虫用	307.9
ゴキブリ用	114.9
ハエ・カ用エアゾール	95.0
線　香	91.2
リキッド式	87.2
医薬品用	58.0
ワンプッシュ式	56.0
電池式	33.1
マット式	7.6
その他	172.9
合　計	1023.8

　また，各社のウェブサイトの情報によると，2015年度時点での売上高シェアはアース製薬(株)が増加していて約56.9％，以下，大日本除虫菊(株)，フマキラー(株)と続き，3社で売上高シェアの80％以上を占めています。その他には，白元(株)グループやライオン(株)，及び中小企業が100社以上あるとされています。

2.4.2　家庭用殺菌剤によって衛生的な生活ができるようになっている

〔1〕　人間用殺菌剤の種類　　人間用殺菌剤は，真菌（カビ）や細菌による人間の病気を予防する薬剤で，除菌剤又は滅菌剤ともいわれ，衛生的な生活に貢献しています。これらの殺菌剤は，相手がカビか，細菌かによって異なった薬剤が使われますが，いずれも生物を殺す薬剤ですので，人間にも程度の差こそあれ害があります。例えば，殺菌剤の作用機構には，病原菌の生命維持に不可欠なタンパク質や脂質の合成を阻害するもの，細胞壁や遺伝子（DNA）の合成を阻害するもの，菌のエネルギー代謝を妨害するもの等がありますので，ほ乳動物の遺伝情報を撹乱しないか，胎児や乳幼児に悪影響がないか等についても十分に確認することが求められています。

手洗用の殺菌剤は，有効成分によって分類されています。

細胞膜や細胞壁を破壊してタンパク質や核酸を変性させる作用がある次亜塩素酸ナトリウムと，水中で次亜塩素酸ナトリウムを生成する塩素化イソシアヌル酸が多く使われています。しかし，次亜塩素酸ナトリウムは，低濃度でも赤血球を破壊して溶血性貧血症を引き起こし，甲状腺機能障害を起こすといわれ，発がん性や変異原性も疑われています。このため，毒性が比較的弱い二酸化塩素がさまざまな場所で使われてきています。

このほか，細胞膜のタンパク質を変性させるトリクロロヒドロキシジフェニルエーテル（通称：トリクロサン），イソプロピルメチルフェノール，逆性石鹸といわれる塩化ベンザルコニウム，あるいは約80%のエチルアルコールやプロピルアルコール等の有機化合物も手洗用殺菌剤として使われています。

🍵 コラム5：ダニや細菌はどこにでもたくさんいることを忘れずに

　ダニには約2万種類がいます。世界中の土や植物や動物，及び家のなかのたたみ，じゅうたん，布団，衣類，布製家具，そして食品にも棲みついています。布団には数十万匹，チリにも数十匹のダニが棲みついていますが，普通は人に悪影響はありません。人を刺すダニは，マダニとイエダニ，トリサシダニのなかの一種類のみです。ただし，ダニだけでなく，ダニの死骸やフンがアレルギーの原因になることがありますので，ダニが増えすぎないようにする必要はあります。

　細菌はバクテリアともいわれ，顕微鏡で見える程度の大きさの単細胞の生物です。人類よりはるか前に生まれた生物で，人の腸内にも約3万種類，1 000兆個の細菌が棲んでいるといわれ，食物の消化吸収を助け，ある程度までの数の病原菌を駆逐し，ビタミンなどを生みだしています。その重量は1.5 kg～2.0 kgにもなるといわれています。皮ふにも通常1兆個程度，1 cm^{2}当たり10万個以上の細菌が棲んでいて体を守ってくれています。このように，人より先に地球上に生まれた細菌などは，人やほかの動植物に棲みついているものも多いのです。

　抗生物質を使いすぎると，これらの有用な細菌（善玉菌）まで減らしてしまい，下痢になったりしますので注意が必要です。

〔2〕　**家庭園芸用殺菌剤の種類**　　**家庭園芸用殺菌剤**には，銅剤，無機硫黄剤，有機硫黄剤，有機塩素剤，ベンゾイミダゾール系薬剤等が使われています。

銅化合物に殺菌効果があることは古くから知られ，無機銅剤と有機銅剤が使われています。いずれも病原菌が栄養分を分解・代謝してエネルギーを得るのを阻害します。

硫黄剤もエネルギー代謝阻害剤で，紀元前から害虫防除には使われています。無機硫黄剤で最も有名なのがバラ用殺菌剤の石灰硫黄合剤（多硫化石灰）です。有機硫黄剤にはチウラム（別名：チラム），プロピネブ，マンゼブ（別名：ペンコゼブ），マンネブ（別名：マネブ，マネックス）など，多くの種類がありますが，一部に内分泌かく乱作用の疑いが指摘されています。

有機塩素剤としては，クロロタロニルが代表的で，野菜や果物に使われています。

窒素を含むベンゾイミダゾール系のチオファネートメチルやベノミル等は，遺伝子の合成を阻害する殺菌剤です。これらは幅広い病害に有効ですが，耐性菌ができやすい欠点があります。

N-メチルカルバミン酸のエステルであるカーバメイト系殺菌剤のベノミルは，土を豊かにしてくれるミミズを殺すことや内分泌かく乱作用の疑いが指摘されています。

また，複素環式アミンであるピペラジン系のトリホリンなどのカビの細胞膜の合成を阻害するエルゴステロール生合成阻害剤（略号：EBI）があります。これは，すべての植物に発生するウドン粉病や野菜・果樹・花などに発生するサビ病によく効きますが，耐性菌ができやすい欠点があります。

なお，アメリカでは，トリホリンは，人体内で心臓血管系に有害な物質を生成するとして，毒性クラス1の危険物質に指定されています。

2.4.3　合成洗剤によって容易に清潔な生活ができるようになっている

〔1〕　**合成洗剤の普及の経緯**　　石油や油脂から合成した界面活性剤（水に親和性がある部分と油に親和性がある部分とがある化学物質）を有効成分と

する洗剤を**合成洗剤**といいます。合成洗剤は，石けんより水に溶けやすく，洗浄力が強く，石けんカスを生成しないため，1940年ごろから洗濯機とともに普及し，おもに女性が行っていた洗濯労働の軽減に大きく貢献しました。

合成界面活性剤の製造研究は19世紀に始まっていますが，そのころは，おもに染料の助剤として使われていました。その後，第一次大戦中の1917年に，石けんの原料となっていた食用油が不足したドイツで，石炭から世界初の衣料用合成洗剤がつくられましたが，戦争が終わると廃れました。

1932年に，アメリカの2社が，陰イオン界面活性剤である，アルキル（水素が付いた炭素が鎖状につながったもの）硫酸エステルナトリウム（略号：AS）を製造・販売しました。翌1933年にはドイツでアルキル基の炭素が枝分かれした分岐型アルキルベンゼンスルホン酸ナトリウム（略称：ハード型ABS）が開発され，1936年からABSを使った衣料用合成洗剤の本格的な製造が始まり，急速に普及しました。

日本では，1933年にASの製造が始まり，1937年に，第一工業製薬(株)がウール用中性洗剤（商品名はモノゲン）を発売したのが初めで，1951年に，花王（当時の花王石鹼)(株)が日本初のハード型ABSを使った花王粉せんたく洗剤（後のワンダフル）を販売して以来，洗濯機の普及とともに広く普及しました。しかし，当時は下水道普及率が低かったために，洗剤を含む下水が河川等に放出され，主成分のハード型ABSによる発泡が問題となりました。

また，カルシウム等の硬度成分による洗浄力の低下を抑える助剤として加えられていたりん酸塩が，湖沼でのアオコや海のアカシオ等を発生する藻の異常増殖の原因の一つとされました。

このため，環境負荷の少ない製品開発の研究が進められ，1970年ごろには，ハード型ABSより河川等の中で微生物分解しやすい，アルキル基が枝分かれしていない直鎖型アルキルベンゼンホン酸ナトリウム（略号：LAS）等に置き換えられました。また，LASのほかに，前述のAS，ポリオキシエチレンデデシルエーテル硫酸エステルナトリウム（略号：AES），α-オレフィンスルホン酸ナトリウム（略号：AOS），2-スルホヘキサデカン酸-1-メチルエステルナト

リウム（略号：α-SF 又は MES）等の陰イオン界面活性剤，あるいはポリオキシエチレンアルキルエーテル（略号：AE），ポリオキシエチレンオクチルフェニルエーテル（略号：OPE）やポリオキシエチレンノニルフェニルエーテル（略号：NPE），脂肪酸アルカノールアミド（略号：DA 又は AZ）等の非イオン界面活性剤を含む洗濯用合成洗剤が製造されるようになりました。

また，1980 年ごろから，りん酸塩の代わりに粘土鉱物のゼオライトが助剤として加えられ，合成洗剤がほぼ無りん化されました。

なお，1987 年には，洗剤に大量に入っていた助剤を削減した小型（コンパクト）洗剤が発売され，主流となりました。また，2000 年代には，従来の粉末洗剤に加えて，扱いやすい液体洗剤が登場しました。

さらに，無りん化と同時に，脂肪又はタンパク質の分解を促進するプロテアーゼ，リパーゼ，アミラーゼ，セルラーゼ等の酵素を使う技術も開発されましたが，液体洗剤中での安定性などに課題があり，検討が進められています。

なお，合成界面活性剤は，洗濯用洗剤のほかに，食器洗い用洗剤，身体洗い用洗剤，シャンプー，歯磨きなどに幅広く使われるようになっています。

〔2〕 洗剤の用途別生産量の変化　　日本石鹸洗剤工業会の「洗剤の販売推移」[30]によると，1987 年以降の石けんと合成洗剤の用途別生産量の変化は，

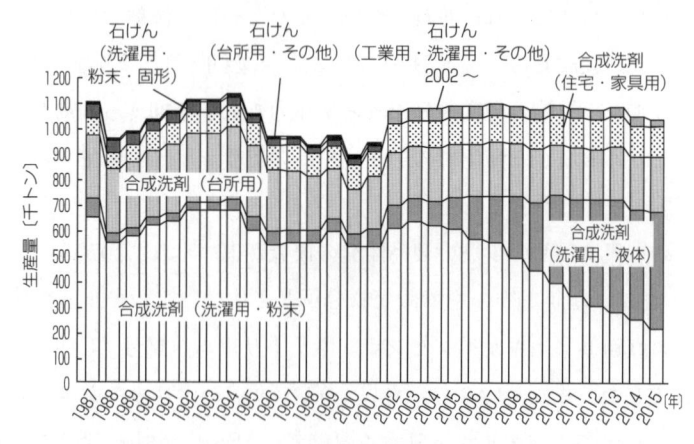

図 2.9　石けんと合成洗剤の用途別生産量の変化[30]

図2.9のようになっています。

　1987年以降，大部分が合成洗剤であり，特に洗濯用が多いのがわかります。また，2005年ごろから洗濯用粉末洗剤が液体洗剤に変わり，2015年には洗濯用洗剤のおよそ3分の2が液体洗剤になっているのがわかります。

　〔3〕　合成洗剤の有効成分表示　　これらの合成洗剤は，家庭用品品質表示法[31]の対象品で，雑貨工業品品質表示規程に従った表示が求められています。しかし，法律等によって表示方法が統一されていないために混乱しています。

　例えば，家庭用品品質表示法のアルキル硫酸エステルナトリウムの表示は，化学物質の審査及び製造等の規制に関する法律[1,2]と労働安全衛生法[32]では，アルカノール又はアルケノール（炭素数が6〜24）のモノ又はジ硫酸エステル及びその塩となり，これに基づく化学物質安全性点検対象物質名では，ドデシル（アルキル基の平均炭素数が12という意味で，ラウリルともいいます）硫酸ナトリウムとされ，安全性点検結果では，高級アルコール硫酸エステル塩とされ，医薬品，医療機器等の品質，有効性及び安全性の確保等に関する法律[33]では，ラウリル硫酸ナトリウム（略称：ラウリル硫酸Na，又はラウリル硫酸塩）とされています。

　このため，一般の人には，同じものか，違うものかの判断ができません。このような混乱を防ぐためにも，多くの化学物質管理関連の法律を統合して表現を統一することが求められています。

　なお，1999年に公布された特定化学物質の環境への排出量の把握等及び管理の改善の促進に関する法律[3]に基づくPRTR制度では，水生生物に対する毒性を根拠に，pp.45-46に記したLAS，AS，AES，MES，AE，OPE，NPEのほかに，衣料用，台所用，住宅用洗剤などに使われる両性界面活性剤のN,N-ジメチルドデシルアミン=N-オキシド（略号：AO），衣料用柔軟剤やリンスなどに使われる陽イオン界面活性剤のヘキサデシルトリメチルアンモニウムクロリド（略号：HDTMAC）を届出及び推計の対象物質としています。

　〔4〕　合成洗剤の微生物分解性と取扱い　　合成洗剤は，石けんに比べて河川等での微生物による分解性が低いと考えられていたことから，いまでも石

けんの使用を奨励している自治体があります。しかし，石けんのほうが一回当たりの使用量が多いので環境負荷が大きいという意見，あるいは下水処理施設が整備された地域では，石けんと合成洗剤の両方が下水処理場で分解・除去されるので差はないという意見もあります。また，合成洗剤は，肌荒れや脱毛，アトピー性皮ふ炎の原因になるともいわれていますが，低刺激性の合成洗剤を使用すれば問題ないとする意見，アルカリ性である石けんよりも合成洗剤の方が肌荒れしにくい，あるいは合成洗剤の方が石けんよりすすぎ性が良いので衣類に残った洗剤による皮ふ炎の可能性が低くなるとの意見もあります。

　なお，下水処理施設が不十分な発展途上国での合成洗剤の普及には問題点が多く，生態系への影響も懸念されます。

　このように，洗剤は，洗浄力のほかに，人や水生生物への有害性，生分解性，及び汚濁負荷性等が評価されますが，すべてを満足させることは難しいので，地域や個人が，どれを優先すべきかを考える必要があります。

　ただし，家庭等から水環境や下水道に排出される合成化学物質のなかでは，合成洗剤が最も量が多いので，過剰使用をしないようにすることは必要です。

2.4.4　食品添加物によっていろいろな食品を楽しめるようになっている

　〔1〕　食品添加物の定義と規制　　食品添加物は，食品の保存性，味や香り，及び外観等の向上に貢献しています。

　この食品添加物は，食品衛生法[34]では「食品の栄養価を保持させるもの，特定の食事を必要とする消費者のための食品の製造に必要な原料又は成分を供給するもの，食品の品質を保持し若しくは安定性を向上するもの，味覚，視覚等の感覚刺激特性を改善するもの，あるいは食品の製造，加工，調理，処理，包装，運搬又は貯蔵過程で補助的役割を果たすもの」とされています。

　厚生労働省は，内閣府の食品安全委員会による安全性についての評価を受け，「人の健康を損なうおそれのない場合に限って，成分の規格や使用の基準を定めたうえで，食品添加物の使用を認める」こととしています。また，使用が認められた食品添加物についても，「国民の摂取量を調査して，安全の確保

に努める」こととしています。また，「厚生労働大臣が，薬事・食品衛生審議会の意見を聴いて，人の健康を損なうおそれのないと定めた場合を除いては，添加物（天然香料及び一般に食品として飲食に供されている物であって添加物として使用されるものを除く）並びにこれを含む製剤及び食品は，販売又は販売の用に供するために，製造，輸入，加工，使用，貯蔵，若しくは陳列してはならない」とされています。

〔2〕 **食品添加物の分類と数**　食品添加物は，長年使用されてきた，品目が決められた既存添加物，厚生労働大臣が安全性と有効性を確認して指定した指定添加物，及び天然香料と一般飲食物添加物に分類されています。

これらのうちで，既存添加物名簿に収載されている 365 品目と，天然香料及び一般に食品として供されている一般飲食物添加物は指定なく使えます。

ただし，新たに使われる食品添加物は，天然物質か合成物質かの区別なく，必ず食品安全委員会による安全性の評価を基に，厚生労働大臣の指定を受けて，指定添加物とされます。この指定添加物は，2001 年には 338 品目，2005年には 357 品目，2015 年には 449 品目と増え続けています。

このような指定添加物数の増加理由の一つに，アメリカやヨーロッパからの要請があります。アメリカやヨーロッパの食品には，日本では許可されていな

🔖コラム 6：一つの菓子パンにも数多くの食品添加物が入っている

菓子パンを買って包装をよく見ると，塩化アンモニウム，炭酸カルシウムなどの膨張剤が数種類，ビタミンＣなどの酸化防止剤，酵素剤を混合したイーストフード，臭素酸カリウム，ソルビン酸塩などの保存料，グリセりん脂肪酸エステルなどの乳化剤，pH 調整剤，メタリン酸ナトリウムなどの結着剤などのさまざまな添加物が入っていることが記されています。

これらの食品添加物でフワフワ，シットリ，モチモチなどの食感を良くしたり，保存性を良くしていますが，最近はこれらをできるだけ入れない食品が人気になっています。特に，賞味期限や消費期限が表示され，長期保存するのであれば冷蔵庫や冷凍庫に入れることも考えられますので，保存料はほとんど要らないともいわれています。

かった食品添加物があるため，これらの国が日本に食品を輸出するために，食品添加物の規制を緩めるように要請しました。

　例えば，抗生物質の使用は食品衛生法[34]で禁止されていましたが，EU の要請によって，ナタマイシンやナイシン等の抗生物質の使用が認められるようになりました。また，1977 年にアメリカの要求で，レモンやグレープフルーツ等の柑橘系類の収穫後に，カビ防止等の目的で使用する薬剤（ポストハーベストといい，食品添加物とみなされています）の使用が許可されました。その後も，2011 年には柑橘類以外の 10 品目にフルジオキソニルの使用が認められ，2013 年にはアゾキシストロン，ピリメタニルの使用も認められました。

　これらの添加物は，貿易障害にならないように，リストアップされた国際汎用添加物とされています。厚生労働省の健康・医療分野の情報の食品添加物[35]によると，日本では 2016 年現在，国際汎用添加物として，45 品目がリストアップされ，それらの使用が認められています。

　環太平洋パートナーシップ協定（略号：TPP）において，アメリカはトランプ大統領の方針で TPP からの離脱を決め，これに代わる二国間協定を検討していますが，残りの加盟国ではアメリカ抜きの TPP も検討されています。これらの協定等で，使用が認められる食品添加物がどのようになるのかが注目されます。

　数多くの食品添加物を摂取していても，日本人の平均寿命が延び続けているので，現在の制度で問題はないという意見があります。一方，天然のアカネ色素のように，許可されていた添加物の有害性が見つかって使用禁止になった例があること，いくつかの食品添加物の複合摂取を想定した安全性試験がほとんど行われていないこと，あるいは長期摂取の影響及び胎児や乳幼児への影響が十分に評価されていないことなどへの懸念が出されています。

2.4.5　香料・消臭剤によって快適な生活を楽しめるようになっている
〔1〕　香　　料
（1）　香料の原料　　香料は，食品の食欲増進及び快適な職場空間や生活

空間をつくるのに貢献しています。

　香料は，さまざまな植物や特定の動物から抽出された天然香料や化学的に合成された合成香料を調合してつくられています。

　天然香料のほとんどは植物から抽出された精油です。抽出方法としては，水蒸気を連続的に供給しながら蒸留する水蒸気蒸留という方法が最も多く用いられています。動物から得られる天然香料としては，ジャコウジカから得られるムスク，ジャコウネコから得られるシベット，ビーバーから得られるカストリウム，マッコウクジラから得られるアンバーグリスが有名ですが，これらの動物の数が減っているため，ほとんど合成香料に代替されています。

　また，合成香料の原料には，石油から得られる炭素 2 個と水素からできているエチレンやアセチレン等のほかに，植物から得られる炭素 10 個と水素からできているテルペン化合物，及び油脂から得られる脂肪酸が用いられています。

　さらに，香料はフレーバーとフレグランスに大別されています。

（2）　フレーバー　　**フレーバー**には，無香の飲食物（砂糖水，ガムベース，寒天等）に好ましい香りや味を付ける着香と，食品の臭いを隠したり（マスキングといいます），好ましい香りに改善したり，失われた臭いを補ったりする（矯臭といいます）ものがあります。

　また，このフレーバーは，水溶性香料，油溶性香料，エマルジョン香料（乳化香料ともいいます），粉末香料に分けられることがあります。

　水溶性香料は，香料成分をエチルアルコールやグリセリン等の水に溶けるものに溶かした液体香料で，加熱されない飲料やアイスクリーム等に使われ，エッセンスといわれることもあります。

　油溶性香料は，香料成分を植物油やプロピレングリコール等の油に溶かした液体香料で，耐熱性がありますので，クッキーやビスケット等の焼菓子やキャンディー等の加熱が必要な食品に用いられています。

　エマルジョン香料は，乳化剤や安定剤を使って香料成分を微粒子状態に懸濁させたもので，香りがマイルドで長期間持続するのが特徴で，清涼飲料水や冷

菓等に使われています。飲料に濁りを与えることもあるので，クラウディーと
もいわれています。

　粉末香料は，香料成分をデキストリンや天然ガム，糖，デンプン等とともに
乳化させた後，噴霧乾燥させて粉末にするか，乳糖粉末等に香料成分を付着さ
せたものです。取扱いが便利で，安定性もあり，粉末スープやインスタント食
品，チューインガム，錠菓やスナック菓子等に使われています。

　なお，2015 年現在，厚生労働大臣の指定を受けている食品添加物[35]として
のフレーバーの数は，18 類の 3 102 化合物にもなっています。

（3）　フレグランス　　**フレグランス**は，香水，化粧品，石けん，シャン
プー，芳香剤，線香等の日用品，及び工業用プラスチックやゴム等に練りこま
れるなど，口に入らない用途に使われるものです。おもに着香に使われます
が，次亜塩素酸系漂白剤等の不快な刺激臭を隠す矯臭を目的とすることもあり
ます。また，シトラスとフローラルに分けられます。

　シトラスとは，レモン，グレープフルーツ，ライム，オレンジ，ベルガモッ
ト等の柑橘系フルーツの爽快な香りで，オーデコロンの主要な香りです。

　フローラルとは，花の香りで，バラ，ジャスミン，スズラン，ライラック等
の薫り高い花の香りのシングル・フローラル，花束のようにいくつかの花の香
りを混ぜ合わせたフローラル・ブーケ，木の葉や青リンゴ等が持っているグ
リーンな香りをブレンドしたフローラル・グリーン，モダンな感じのフローラ

☕ コラム 7：良い香りと悪臭は紙一重

　香料というのは良い香りがするものですが，ある人が良い香りと思って
いるものが，別の人には不快に感じられることがあります。

　例えば，香水や香料入りの洗剤や柔軟仕上剤が，3.1 節で述べる化学物質
過敏症の原因になることがあります。

　また，同じ化学物質でも，濃いと悪臭ですが，薄ければ良い香りになる
ものもあります。例えば，便のくさい臭いの原因となるインドールやスカ
トールは，薄いとジャスミンのような香りになることが知られています。

ル・アルデハイド，さわやかなシトラス系の香りにバラやジャスミン等の花の香りを混ぜたシプレー，甘味が強く，持続性のあるエキゾチックな香りのオリエンタルがあります。

（4）国内製生産量と輸出入量　日本香料工業会の香料統計[36]では，天然香料と合成香料のほかに，これらを調合した食品香料と香粧品香料に分けています。2011（平成23）年から2015（平成27）年の日本香料工業会会員企業の各香料の国内生産量と輸出入量は，**表2.6**のようになっています。

表2.6　香料の種類別国内生産量と輸出入量[36]

〔トン〕

	種　別	平成23年	平成25年	平成27年
国内生産	天然香料	652	659	691
	合成香料	13 271	10 111	9 706
	食品香料	52 637	51 122	45 215
	香粧品香料	7 059	6 732	6 891
	合　計	73 619	68 624	62 503
輸入	天然香料	10 942	12 953	8 463
	合成香料	162 939	189 523	137 507
	食品香料	4 012	3 946	3 788
	香粧品香料	4 681	6 457	8 109
	合　計	182 574	212 879	157 867
輸出	天然香料	101	126	191
	合成香料	29 115	27 361	27 900
	食品香料	5 489	4 213	4 044
	香粧品香料	6 514	5 523	3 744
	合　計	41 219	37 223	35 879

　国内生産は食品香料が多く，輸出入は合成香料が多くなっていますが，全体としてはやや減少傾向になっています。

　なお，日本の香料メーカーとしては，高砂香料工業(株)，長谷川香料(株)，曽田香料(株)，小川香料(株)，長岡香料(株)，塩野香料(株)，ジボダンジャパン(株)，富士クレーバー(株)，アイ・エフ・エフ日本(株)など，約200社があります。

また，アメリカの Leffingwell & Associates 社の情報[37]によると，2016 年の香料の世界での売上高は，約 244.5 億ドルで，高砂香料工業(株)がシェア 5 位で 5.0%，長谷川香料(株)がシェア 10 位で 1.7%となっています。

〔2〕 消　臭　剤　　消臭剤は，トイレ，台所，タバコ，ごみ箱，下駄箱等の悪臭をなくすための薬剤ですが，芳香剤も消臭目的に用いられるものが多いため，**芳香消臭剤**又は芳香消臭脱臭剤としてまとめられることもあります。

（1）　**消臭方法の種類**　　消臭方法は，悪臭物質と化学反応させて無臭にしてしまう化学的消臭，悪臭物質をなにかで包み込んでしまう物理的消臭，細菌によって悪臭を消す生物的消臭，悪臭を芳香成分で隠してしまう感覚的消臭の四つに分けられています。

化学的消臭は，選択性の高い消臭ができること，消臭の範囲が広くでき，再放出がないこと等の利点がありますが，複数の悪臭物質の消臭をしにくい欠点があります。

物理的消臭は，一つの消臭剤で複数の悪臭物質の消臭をしやすい利点がありますが，選択性の高い消臭が難しく，効果の範囲が狭く，再放出が起きやすい欠点があります。

生物的消臭は，生ごみ等には効果がありますが，一般的ではありません。

感覚的消臭には，芳香成分で悪臭を感じにくくする方法と，悪臭物質を芳香物質の構成成分に取り込んでしまう方法（ペアリングといいます）がありますが，いずれも根本的な消臭ではありません。

なお，消臭の対象となる悪臭物質には，体臭や汗臭等の脂肪酸系化学物質，尿や魚，肉等の窒素化合物系化学物質，糞便等の硫黄化合物系化学物質等があります。

（2）　**家庭用芳香消臭剤の種類**　　家庭用の芳香消臭剤には，ラベンダー，バラ等の花き，リンゴ，レモン，モモ等の果物，あるいは樹木の香りのマスキング効果によるものが多いのですが，緑茶，竹炭，木炭による化学的消臭や物理的消臭によるものもあります。

これらの家庭用芳香消臭剤の形態は，居室やトイレに置いて使う置き型や吊

り下げ型，発生源に直接振りかけるスプレー型，衣類やソファー等に振りかける振りかけ型のほかに，小便器に入れるトイレボールやトイレに尿石防止の消臭薬剤を供給するサニタイザーなどのさまざまな形の製品があります。

　なお，芳香消臭脱臭剤協議会[38)]が，一般消費者用の芳香剤，消臭剤，脱臭剤等の成分の種類や表示の自主基準と安全性確認試験方法を定めています。

（3）　家庭用芳香消臭剤のメーカー　　芳香消臭脱臭剤のメーカーとしては，エステー(株)，白元アース製薬(株)，小林製薬(株)，曽田香料(株)，フマキラー(株)，ライオン(株)等，100社以上がありますが，生産量や売上高についての公開情報はありません。

　なお，欧米には，感覚的消臭を行う消臭剤は多くありますが，化学的消臭や物理的消臭を行う消臭剤は日本ほど多くはありません。

2.4.6　防炎剤・難燃剤で安全な生活が守られている

〔1〕　防炎剤・難然剤の役割　　**防炎剤**や**難燃剤**という化学物質が，火事の防止や拡大抑制に大きく貢献しています。

　防炎剤は，液状で，燃えやすい材質に吹き付けたり，染み込ませることで，燃えにくくする化学物質です。例えば，燃えやすいカーテンを防炎剤に漬けて，燃えにくいカーテンにすることができます。また，木材を防炎剤に漬けて炎のなかで焦げても火の勢いが強くならない不燃木材にすることができます。

　難燃剤は，難燃化したい材料をつくる段階で原料に混ぜて使う粒子状のものです。ただし，防炎剤と難燃剤は，同じ目的で使われているために，混同されている場合もあります。

　建材や家具類を燃えにくくする方法はいくつかあります。例えば，カーテンのような布は，燃えにくい難燃糸で織れば火に強いカーテンをつくれますし，普通に織られたカーテンを染色工程や染色工程後に防炎処理することで，火に強くすることもできます。また，建材や家具類の材料である木や布類を防炎剤に漬ける方法も広く使われています。

　なお，映画館や劇場など，多くの人が集まる場所のカーテンや工事用シート

等はすべて防災加工又は難燃加工されたものになっています。

　炭素と水素の化合物を主成分とする石炭や石油は，燃料として使われる燃えやすい物質ですから，石油や石炭からつくられる合成化学物質も炭素と水素が主成分で，燃えやすいことになります。したがって，これを燃えにくくするには防災加工や難燃加工をするなどの特別な措置が必要になります。

〔2〕　**防炎剤・難燃剤に使われる化学物質**　　防炎剤や難燃剤に使われる化学物質には，デカブロモジフェニルエーテル類（略号：DBDE）やテトラブロモビスフェノール A（略号：TBBA），臭素化ポリエチレン等の臭素の化合物と，三酸化アンチモンや五酸化アンチモン等のアンチモン化合物が多く使われ，これら以外には，トリフェニルホスフェートなどのりん化合物，メラミンシアヌレートなどの窒素化合物等が使われています。

　なお，古いブラウン管テレビでは，部品や本体カバーが燃えて火事になる例がありました。このため，テレビの本体カバーなどのプラスチックには，1985年ごろから臭素系難燃剤が加えられるようになりました。

> **🖥 コラム 8：難燃剤にはダイオキシンと似ているものがある**
> 　難然剤として使用されていたポリ臭素化ビフェニル（略号：PBB）とポリ臭素化ジフェニルエーテル（略号：PBDE）は，人体への残留性から，EU の RoHS 指令で使用が制限されることになりました。また，これらの臭素系難燃剤の一部には，ダイオキシン類と似た構造の化合物があるため，光分解や焼却などに伴って臭素化ダイオキシン類になることが懸念され，残留性有機汚染物質（略号：POPs）条約の対象になりました。

3

化学物質によって
被害がでた例

　化学物質は，ここ数十年の間に急速に広まったために，マイナス面を十分
にコントロールしきれずに被害がでた例があります。この章では，化学物質
による被害事例についてまとめました。

3.1　化学物質によってある特定場所で被害がでた例

3.1.1　火災・爆発事故による被害の例

〔1〕　**火災の種類と火災件数**　　消防法[39)]では，**火災**は以下の五つに分類さ
れています。

　① 木材，紙等の一般可燃物による普通住宅やビル等の内部火災等の A 火災
　　（普通火災）

　② ガソリン等の石油類，食用油，可燃性液体，樹脂類等による B 火災（油
　　火災）

　③ 電気室や発電機からの出火で，感電の危険性がある C 火災（電気火災）

　④ マグネシウム，カリウム，ナトリウム等で引き起こされる D 火災（金属
　　火災）

　⑤ 都市ガス，プロパンガス等の可燃性ガスによる火災（ガス火災）

　これらのうち，化学物質が原因となるのは ②，④，⑤ です。

　なお，火災では，炎そのもの以上に，建材などから発生する有毒な化学物質
である一酸化炭素やシアン化水素等を含む煙を吸い込むことによる被害が多い
とされています。

　総務省消防庁の報道資料，「平成 28（2016）年中の危険物に係る事故の概要の公表」[40] によると，消防法で定められた危険物施設の火災発生件数は 215 件で前年と変わらず，そのうち，一般取扱所が 133 件，給油取扱所が 32 件，製造所が 30 件，貯蔵所が 19 件，移動取扱所が 1 件となっています。

　また，そのうち 109 件（50.7%）は危険物が出火原因物質であり，101 件は第四類の危険物で占められて，その種類別出火件数は**図 3.1（a）**のようになっ

🐾コラム 9：全火災原因の二番はタバコ

　消防庁による[41] 2016 年の全火災 36 773 件の原因は，放火が 3 563 件，次いで**タバコ**が 3 473 件，コンロが 3 122 件，放火の疑いが 2 210 件，たき火が 2 108 件などで，それぞれの割合は**図（a）**のようになっています。

　また，全火災のうち，建物の火災が 20 964 件で，その出火原因割合は図（b）のようになっています。

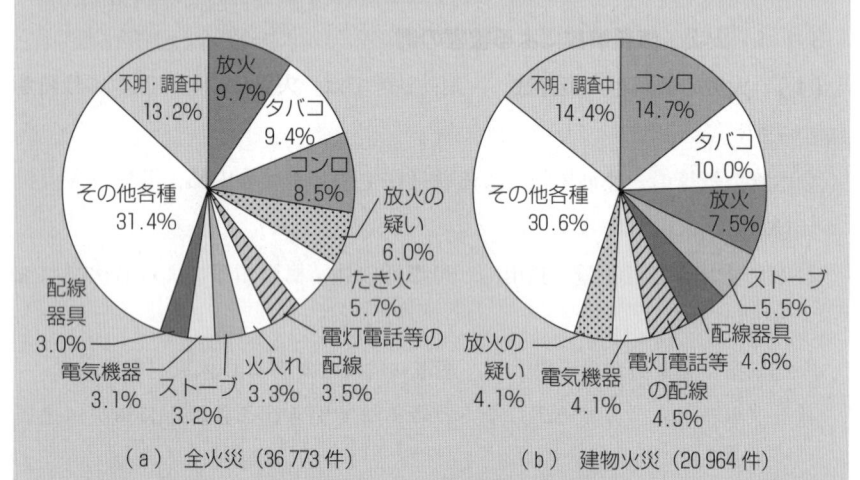

（a）　全火災（36 773 件）　　　（b）　建物火災（20 964 件）

図　火災の出火原因割合（2016 年）[41]

　建物火災の出火原因でも，タバコが 2 番目になっています。

　タバコの害は，吸う人の健康被害だけでなく，火災の原因にもなりますので，皆さんの理解と協力によってタバコをできるだけなくすことが大切です。

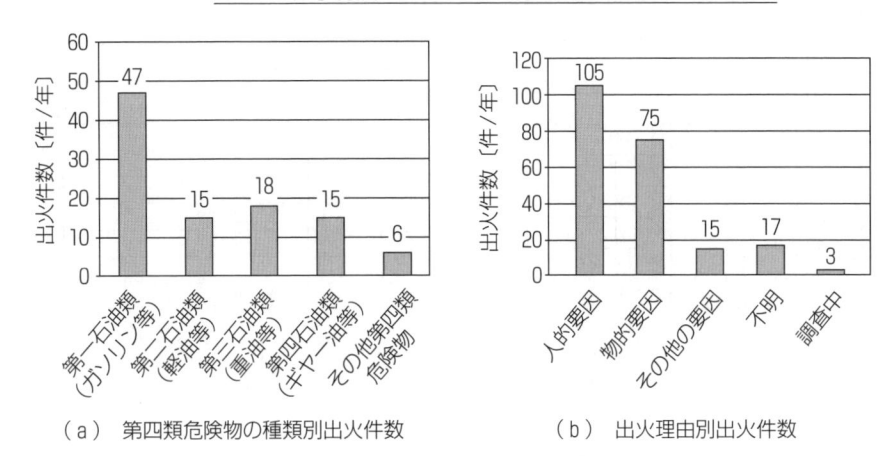

（a）　第四類危険物の種類別出火件数　　　　（b）　出火理由別出火件数

図3.1　2016年の出火件数[40]

ています。

　なお，2016年の危険物火災による死者は2名，負傷者は57名，損害額は約13億682万円となっています。

　また，全火災215件の出火理由は，図3.1（b）のようになっており，人的要因が105件で約49％，物的要因が75件で約35％，その他の要因が15件で約7％，不明が17件で約8％，調査中が3件で約1％となっています。

　〔2〕　火災にならなかった流出事故件数と流出原因　　2016年に，危険物施設での火災には至らなかった**流出事故**の発生件数は，356件あり，351件（98.6％）の流出物は第四類危険物で占められています。この第四類危険物を種類別にみると，**図3.2**（a）のようになっています。また，流出場所別の流出件数は図3.2（b）のようになっています。

　これらの流出理由は，人的要因によるものが117件で約33％，物的要因によるものが202件で約57％，その他の要因が21件で約6％，不明が11件で約3％，調査中が5件で約1％となっています。また，流出事故による死者はなく，負傷者25名，損害額は約4億2000万円となっています。

　〔3〕　爆発事故件数　　圧力が急激に増加することや圧力が急激に減少して，熱・光・音が発生する現象を**爆発**といいます。この爆発には，容器に亀裂

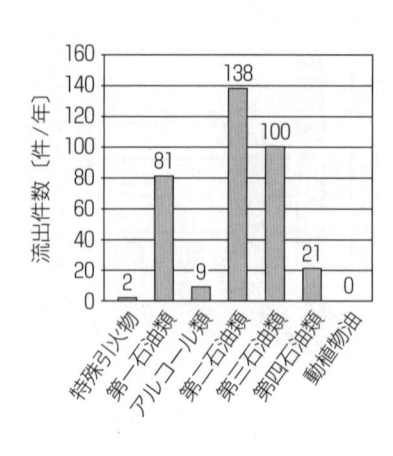

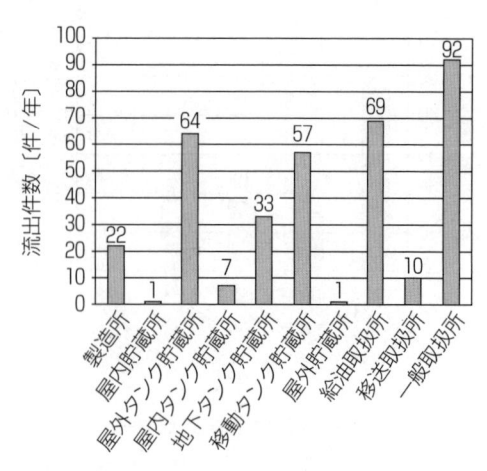

（a）　第四類危険物の種類別流出件数　　　（b）　全危険物施設の場所別流出件数

図3.2　2016年の流出件数[40)]

があった場合あるいは容器内に充満したガスや液体の急激な熱膨張があった場合に容器が破裂する等の物理的な爆発と，容器内で可燃性物質の燃焼や不安定な物質の分解等の発熱反応が急速に起こった場合あるいは急激に気体が液体になったり，液体が固体になって発熱が起こった場合等に，熱の蓄積によって温度が急上昇し，さらに反応が促進されて爆発を起こす化学爆発があります。

　また，化学爆発には，ガス爆発，蒸気雲爆発，粉じん爆発があります。

表3.1　最近の爆発・火災事故例

年月	道県	事業所名
2011年3月	千葉県	コスモ石油(株)千葉精油所
2011年11月	山口県	東ソー(株)南陽事業所
2012年4月	山口県	三井化学(株)岩国大竹工場
2012年9月	兵庫県	(株)日本触媒姫路製造所
2014年1月	三重県	三菱マテリアル(株)四日市工場
2014年9月	愛知県	新日鐵住金(株)名古屋製鉄所
2016年1月	愛知県	愛知製鋼(株)知多工場
2016年2月	愛知県	(株)清水鍍金
2016年4月	三重県	北越紀州製紙(株)紀州工場
2016年5月	北海道	(株)バイオマテックジャパン

最近でも，**表3.1**に例を示すような，死傷者が出る大規模な**爆発・火災事故**がありました。

なお，総務省消防庁が，防火・防災に役立てるために，消防防災博物館に「火災・事故防止に資する防災情報データベース」[42]を構築しています。

3.1.2　農薬散布による農民や生態系への悪影響の例

〔1〕　農薬被害の歴史と農林水産省の通知　　日本での**農薬被害**については，長野県の佐久病院に有機りん系農薬等による中毒被害農民が多数来院したことから，若月俊一医師が農薬被害に本格的に取り組み，1947 年に第一回長野県農村医学研究会を佐久病院で開催し，1952 年に第一回農村医学会総会を長野県で開催したのが始まりです。

現在，佐久病院には(財)日本農村医学研究会と日本農村医学研究所が設置されています。

これ以降も，パラコートを代表とする有機りん系農薬については，農民の健康被害や自殺が多数報告され，農作物への残留もしばしば問題になりました。

現在は，日本で流通している農薬の 90％以上が毒物劇物取締法では「普通物」に分類され，毒物や劇物に分類される農薬は年々少なくなっています。しかし，農林水産省の「農薬の使用に伴う事故及び被害の発生状況について」[43]によると，2011 年度 ～ 2015 年度の 5 年間での農薬中毒事故のうち，誤飲・誤食や農薬散布に伴う事故が，毎年 28 件 ～ 38 件あり，34 人 ～ 60 人の被害者が出ています。そのうち，散布中の中毒は，毎年 10 件 ～ 18 件，被害者数は毎年 12 人 ～ 36 人で，10 年前から減少していません。このほかに，農薬による自殺や他殺が，毎年 160 件前後あり，農薬が容易に手に入る有毒物であることには注意が必要です。

また，農薬工業会では，農林水産省消費・安全局農産安全管理課監修の『農薬中毒の症状と治療法』という本を 1981 年に発行し[44]，2016 年に第 16 版になり，PDF での利用も可能にしています。ただし，これは医師及び医療関係者向けの参考にすぎないとされています。なお，農薬工業会では，『農薬の正

しい使い方』という DVD も発行しています。

　農林水産省は，2001 年に，「農薬による事故の主な原因，農薬による事故の防止のための注意事項，農薬の不適正使用の主な原因，及び農薬の不適正使用の防止対策等」をまとめ，危被害防止方法や農薬の適正な使用・保管・管理方法等についての通知を出しました。同じ 2001 年に，文部科学省も，学校での農薬使用による危害防止の通知を出しましたが，農薬の使用は禁止されませんでした。2003 年には，「農林水産省が学校，保育所，病院，公園等の公共施設内の植物，街路樹並びに住宅地に近接する農地（市民農園や家庭菜園を含む）及び森林等（以下「住宅地等」といいます）において農薬を使用するときは，農薬の飛散を原因とする住民，子ども等の健康被害が発生しないよう，飛散防止対策の一層の徹底を図ることが必要である」として，「住宅地等における農薬使用について」という都道府県知事宛の通知を出しました。その後，2007 年に，農林水産省と環境省の局長名で改定された通知が出され，さらに，2013 年にも，再度同じタイトルの通知が出されました。しかし，罰則がありませんので，住宅地近くでの農薬散布による被害が続いています。

　なお，2015 年には，農林水産省と環境省が協働して，住民，子ども等への被害の発生を防止するためのリーフレットを作成しています。

　自殺や他殺のほか，農民や農地周辺住民の被害があることから，NGO[45]は，農薬業界や行政が多くの農薬は毒物劇物取締法[28]の対象外の「普通物」であると表現するのはやめるように要望を出しています。

　また，農薬による化学物質過敏症も多数あるとされていますが，これに関する公的な統計はありません。

〔2〕 ヘリコプターによる農薬散布と事故・被害　　有人ヘリコプターによる農薬の空中散布は，1960 年代から始められ，1980 年代に，散布面積が 174 万 ha になった後に減少に転じました。

　農林水産省，「農林水産航空事業の実施状況の推移」[46]によると，平成 20（2008）年度 ～ 平成 26（2014）年度の散布面積は**表3.2**のようになっています。

表3.2 ヘリコプターによる農薬散布面積[46] 〔ha〕

				平成20年度	平成22年度	平成24年度	平成26年度
有人ヘリコプター	農業	一般散布	水稲防除	73 697	51 158	43 992	38 696
			果樹・畑作物等防除	7 693	7 689	7 667	8 266
			その他（播種・施肥等）	2 180	1 524	1 223	1 407
		農業計		83 570	60 371	52 882	48 369
	林業	ミバエ類再侵入防止等		2 428 089	2 395 855	2 357 981	2 394 162
		松くい虫防除		28 641	20 959	18 170	16 136
		野ネズミ防除		53 545	56 280	58 557	58 959
		その他（播種・施肥等）		63	7	11	31
		林業計		82 249	77 246	76 738	75 126
	合 計			2 593 908	2 533 472	2 487 601	2 517 657
無人ヘリコプター	水稲防除（播種を含む）			776 940	838 156	884 308	928 786
	麦類防除			63 920	60 730	63 626	60 954
	大豆防除			59 120	57 905	52 906	52 748
	松くい虫防除・畑作物防除等			6 370	6 459	6 202	7 348
	合 計			906 350	963 250	1 007 042	1 049 836

注）ミバエ類再侵入防止等とは，日本では絶滅したミバエ類が再侵入することを未然に
防止するために人工的に不妊化した虫を放つ方法。

　農業での有人ヘリコプターによる散布は，大きく減っていますが，林業での
有人ヘリコプター散布はあまり減っていません。一方，無人ヘリコプターによ
る散布は，徐々に増え，**ヘリコプター散布**の合計面積では350万ha前後であ
まり変化していません。

　無人ヘリコプターは事故が多く，農林水産省の「平成29（2017）年度の無
人航空機利用における安全対策の徹底について」[47]によると，2015年度の事故
発生件数は53件，2016年度の事故発生件数は62件で，増加傾向にあります。

　ヘリコプター散布では，地上散布よりも100倍〜200倍高い濃度の農薬が
散布されます。このため，ヘリコプターによるによる農薬散布が普及したのに
伴って，住宅地に広がった農薬による被害例が多数報告されました。

　国土交通省は，2015年に，ヘリコプターやドローン等の無人航空機での農
薬散布は，原則として人や物件から30m以上離れた場所で許可するとしまし
た。しかし，この人や物件には，作業中の農民や作業小屋は含まれていないこ

と，周辺住宅で散布農薬が検出されていることなどの問題点が指摘され，家畜や水産物への悪影響も指摘されています。

〔3〕 生態系への悪影響

（1） 水田生態系の破壊　　農薬は，以前は作物の病害虫を殺すことだけを考え，できるだけ長期間効果が持続するように分解性が低いほど良いとされていました。このため，人や生態系への悪影響についての配慮に欠け，農民がさまざまな被害を受け，また，農耕地帯の水田生物などが激減しました。

　例えば，水田地帯でのタニシやカエル，ザリガニ等の激減を招き，それらをエサとし，絶滅寸前であったトキの絶滅やコウノトリの大幅な減少にもつながりました。特に，日本をはじめとする東南アジアでは，水田での稲作が多く行われ，農薬散布によって**水田生態系**の破壊や水質汚濁が起こりやすいといえます。また，農薬散布によって土壌生態系が単調化し，土壌中の有用な微生物や動物が減り，土壌の窒素固定能力，りん酸供給能力，炭素固定能力等が低下することも指摘されています。

（2） 殺虫剤によるミツバチ被害　　人や水田生物への悪影響だけでなく，新たにミツバチ等の昆虫への悪影響が問題になっています。

　1990年代から，世界中でミツバチが大量死する現象が相次ぎ，原因の一つ

☕コラム10：インドの綿花農場の農薬汚染

　国連大学のウェブマガジン[48]によると，世界中の農地の2.5％に過ぎないインド等の綿花農場で，世界の殺虫剤の16％が使われているとされています。また，インドの綿花農家の99％は小規模の農地所有者で，防護服が手に入らず，識字率も低いために注意書きを読めず，農民の皮ふ障害等が起きています。さらに，農薬を含んだ雨水が井戸に流れ込み，飲んだ人の内臓疾患が引き起こされ，特に子どもへの影響が深刻だとされています。

　日本人が好む綿が，殺虫剤を大量に散布した畑でつくられていることを知り，殺虫剤散布を減らした綿栽培を支援する活動に協力することが望まれます。

に，ネオニコチノイド系等の殺虫剤が挙げられてきました[49)-54)]。

　このため，農林水産省は，2013年度から3年間，農薬による**ミツバチ被害**事例調査[53)]を実施しました。この調査では，2014年度に被害報告のあった79件の事例で，水稲の開花期とその前後に被害が多かったことから，ミツバチが水稲のカメムシ防除に使用された殺虫剤を直接浴びたことがおもな原因と推定されています。ただし，周辺に水稲が栽培されていない地域等でもミツバチ被害が報告されているため，殺虫剤との関係は十分にはわかっていません。

　また，ミツバチ被害が発生した79件のうち，死んだハチを分析した37件中26件から高い濃度のネオニコチノイド系殺虫剤，ピレスロイド系殺虫剤，フェニルピラゾール系殺虫剤，及びマクロライド系殺虫剤等が検出されました。

　これらをふまえて，水稲のカメムシ防除時期の散布についての情報共有制度がつくられ，農民からの農薬使用情報の周辺住民への提供は多くなりましたが，その情報が養蜂家までは十分に伝わっていない場合もありました。

　農林水産省は，農家と養蜂家の情報交換を徹底するとともに，水稲以外の作物への影響についても情報交換を推進するように通知[54)]を出しました。また，農林水産省は，農薬メーカーに対して，使用上の注意事項にミツバチ被害の防止についての記載を明示するように要請しました。

　これからは，殺虫剤等の農薬が，昆虫をはじめとする生態系にも悪影響を与えないようにすることが重要になります。

3.1.3　ビルの害虫駆除や家庭用殺虫剤による被害及び食品への残留農薬

〔1〕　ビルの害虫駆除や家庭用殺虫剤による被害

（1）　ビルの害虫駆除による被害の例　　建築物における衛生的環境の確保に関する法律（通称：ビル衛生管理法）[55)]に基づいて，6か月に1回の害虫防除がビル管理者の義務とされています。このため，有機りん系を含むさまざまな農薬が，役所，病院，大型店舗，飲食店が入っている民間のビルなどに散布されたことで，気分が悪くなるなどの被害が報告されています。

　特にネズミやゴキブリが嫌われており，飲食店等が入っているビルで，客か

らゴキブリが出ているといわれて頻繁に殺虫剤を散布した例，患者にゴキブリを見つけたといわれて頻繁に殺虫剤を散布した病院の例，あるは大型店舗で毎月殺虫剤を散布していた例もあり，このような過剰使用例への適切な対応が求められています。

（2） 家庭用殺虫剤による被害の例　　**家庭用殺虫剤**は，アレスリンとレスメトリンなどのピレスロイド剤を主とするものが多く使われています[56]。これらの急性毒性は低いのですが，それでも厚生労働省の「家庭用品等に係る健康被害病院モニター報告」[57]によると，2015 年度に殺虫剤の吸入事故が 269 件，除菌剤の吸入事故が 55 件，園芸用殺虫・殺菌剤の吸入事故が 41 件，忌避剤の吸入事故が 31 件もありました。

したがって，殺虫剤等は，過剰な使用は避けるとともに，乳幼児のいる家庭等では事故に気を付ける必要があります。

〔2〕 食品中残留農薬　　2012 年度に行われた，厚生労働省の「食品中の残留農薬等検査結果について」[58]によると，2014 年度には国産と輸入の農産物の総検査数 4 184 743 に対し，**残留農薬**が検出されたのは 12 404 あり，そのうち基準を超えて検出されたのは 371 件でした。

検出されない農産物が大部分ですが，基準値以下であっても，12 000 以上の食用農産物から残留農薬が検出されていることに対して，農薬等の化学物質に敏感な人や子どもへの影響，及び長期摂取による影響が懸念されています。

これからは，無農薬又は低農薬でも収穫量が減らない農業技術を発展させるとともに，私たち消費者も見栄えが良い野菜や果物は農薬を多く使っている可能性が高いことを知り，見栄えを気にしないで野菜や果物を買うことが必要になっています。

3.1.4　粉じんによる労働者被害の例

〔1〕 粉じん被害の種類とじん肺　　**粉じん**による被害は，粉じんが肺に入って沈着することによって，酸素の取込みが阻害され，呼吸困難やがん等になり，合併症も生じることです。また，発病までに数十年かかることもあるた

め，退職後に発病したり，悪化することも少なくありません。

　無機化合物の粉じんによる珪肺，アスベスト（石綿）肺，ロウ石肺，滑石肺，珪藻土肺，アルミニウム肺，酸化鉄肺（溶接工肺），黒鉛肺，炭鉱夫じん肺，炭素肺等は，じん肺といわれています。ただし，石綿肺は別に扱われることがあります。また，有機化合物の粉じんによる綿肺，コルク肺，砂糖きび肺，線香肺，合成樹脂肺等もあります。

　じん肺は，鉱物の掘削，トンネルの掘削，溶接，陶磁器製造，鋳物製造，研磨等の作業で発症することが多く，2005 年の日本職業・災害医学会誌への岡山労災病院副院長岸本卓巳の報告[59]によると，2002 年時点では，じん肺所見がある人が約 1 万人，新規にじん肺が認められた人が 254 人，重度のじん肺や合併症で療養を受けている人が約 18 000 人，6 年以上の療養を受けている人が約 9 100 人で増加傾向にあり，また，死亡数も毎年増加傾向で，1 145 人になっていたとされています。

　粉じんが発生する作業に従事している人は，1985 年をピークに減少していますが，厚生労働省の「業務上疾病発生状況等調査結果（平成 27 年度）」[60]によると，2015 年でも 249 759 人がじん肺の健康診断を受け，じん肺所見があるとされた人が 1 935 人いたとされています。また，長期療養患者も毎年増加し続けています。

　〔2〕　**石綿（アスベスト）被害**　　**石綿（アスベスト）**については，1938 年に，肺がんの原因になる可能性がドイツの新聞で公表され，ドイツでは，すぐに石綿工場への換気装置の導入と労働者に対する補償を義務付けましたが，第二次世界大戦後しばらくは無視されてしまいました。その後，1964 年に，石綿の有害性に関する論文が公開され，1973 年に，ドイツの裁判で製造業者の責任が認定されたのをきっかけに，訴訟が多発し，1985 年までの訴訟が 3 万件に達し，大手企業が倒産したこともあり，1993 年に禁止されました。

　日本では，1975 年 9 月に，吹き付けアスベストの使用が禁止され，また，労働安全衛生法[32]によって，作業環境での石綿の濃度基準が定められました。また，大気汚染防止法[61),62)]でも，石綿が特定粉じんとされ，工場・事業場から

の排出基準が定められました。さらに，廃棄物の処理及び清掃に関する法律[63),64)]で，飛散性のある石綿の廃棄物が特別管理産業廃棄物に指定され，飛散防止や健康被害の予防が図られましたが，製造や使用は続けられました。

その後，2004 年になって，石綿を 1% 以上含む製品の出荷が原則禁止とされました。2005 年には，石綿原料や石綿を使った資材を製造していたニチアス(株)や(株)クボタで製造に携わっていた従業員をはじめ，その家族や工場周辺の住民を含めた多くの人が，石綿特有の中皮腫という肺がんで死亡していることが報道されました。このため，厚生労働省が，1999 年度から 2014 年度に全国の労働基準監督署で石綿による肺がんや中皮腫の労災認定を受けた労働者が働いていた事業場の一覧表を公表しました。

(独)環境再生保全機構の「アスベスト（石綿）による健康被害の実態」という報告[65)]によると，石綿の輸入量は，1955 年ごろから急増し，1970 年 ～ 1995 年ごろをピークに減少し，2004 年以降は，ほとんどなくなっています。しかし，石綿特有のがんである中皮腫の死亡者数は，1995 年ごろから急増しはじめ，労働災害認定患者数も 2004 年ごろから急増し，2006 年以降は，年間 900 人 ～ 1 000 人程度となっています。このように，石綿の被害は曝露から数年から数十年も遅れて出るのが特徴です。

一方，環境省は，建築物等の解体による石綿の排出量が 2020 年 ～ 2040 年

☕コラム 11：肺の細胞の役割

　人の体をつくっている細胞の数はおよそ 37 兆 2 000 億個といわれています。そのうちで，外気と触れているのは目と皮ふの細胞と肺を主とする呼吸器の細胞だけです。皮ふの細胞は，外部への水（汗）や二酸化炭素の放出と酸素の吸収などの働きをしています。また，肺の細胞は，血液中の二酸化炭素を放出して血液中に酸素を吸収して酸素を体全体に供給する大切な働きをしています。

　この肺が粉じんで覆われると，肺から体に酸素が十分に供給されにくくなります。また，アスベストが肺に刺さってがんを発症してしまいます。

ごろにピークを迎え，年間100万トン前後の石綿が排出されると予測して，建築物の解体等に係る石綿飛散防止マニュアル[66]を提示しています。

しかし，いまだに建築物解体時の石綿対策が十分に徹底されていません。

石綿による被害は，発症までに数年から数十年かかることなどから，これから数十年間は，石綿による被害者が増え続けることが懸念されています。

3.1.5 有機溶剤による労働者被害の例

〔1〕 有機溶剤の特性と毒性 揮発しやすく，油やロウ，樹脂，ゴム，塗料などの水に溶けにくいものも溶かす能力がある液状の有機化合物を**有機溶剤**といいます。この有機溶剤の使用が1960年代から急増し，特に火災を起こしにくいトリクロロエチレンなどの塩素の付いた有機溶剤が急増しました。

この有機溶剤は，さまざまな有機化合物を溶かして反応させたり，表面を覆った後に揮発してしまう長所を生かした使い方がされることが多いのですが，揮発した有機溶剤が，労働者の中毒や光化学スモッグの原因になる欠点があります。

また，有機溶剤の蒸気が肺や皮ふから体内に入ると，血液に入って全身を回ります。その一部は呼気で排泄されますが，多くは脳や神経に結合したり，肝臓でほかの親水性分子が付く反応（抱合といいます）あるいは分解反応後に，尿で排泄されます。このため，高濃度の有機溶剤を吸うと急性中毒になり，低濃度でも長い期間吸うと慢性中毒になります。

急性中毒は，密閉されたタンクやトンネル，大きな槽や缶のなかで，高濃度の有機溶剤の蒸気を吸うことで起こり，頭痛，めまい，吐き気を起こし，気を失って死に至るか，死ななくても後遺症が残ることが多いといわれています。

一方，慢性中毒は，症状が多様であると同時に，あいまいなものが多く，医師も見落としてしまうことが少なくありません。

牧祥ら[67]が産業衛生学雑誌に報告している，1995（平成7）年〜2006（平成18）年の12年間の有機溶剤中毒事例の解析によると，この間の10万人当たりの年間有機溶剤中毒発生数は1.8人〜8.1人，死亡者は0人〜6人，二

次被害者は0人～3人であり，業種別では，建設業が年間52.0件，その他のサービス業が6.1件，製造業が2.5件であったとされています。特に，建設業での塗料やシンナーによる中毒件数が顕著に多く，2000年に94.2件と突出し，その後はおよそ40件～60件になっています。

一方，その他のサービス業では，1999年の14.4件から2006年の2.5件に大きく減少しています。また，製造業では，2003年までやや増加傾向を示していましたが，2004年以降は横ばいに推移しています。

有機溶剤の発がん性による被害事例としては，サンダルのゴムのりに用いられたベンゼンによる白血病や再生不良性貧血が有名です。また，ノルマルヘキサンによる末梢神経障害（手足のしびれ），トルエンやトリクロロエチレン（通称：トリクロ）による脳の萎縮や脳波異常，トルエン，スチレン，テトラクロロエチレン（通称：パークロ）による視力低下や視野狭窄，トルエン，クリーニングソルベント，灯油による貧血等の被害も有名です。

また，シンナーや塗料に使われているセロソルブ類が精巣萎縮（男性の不妊症）を起こすという報告もあります。

〔2〕 有機溶剤の規制と作業環境許容濃度　　有機溶剤中毒の予防については，後述する労働安全衛生法及び労働安全衛生法施行令の規定に基づいた「有機溶剤中毒予防規則」[68]によって，55種類の有機溶剤の管理が求められています。この有機溶剤中毒予防規則には，つぎのような有機溶剤の毒性が示されています。

① 発がん
② 精神・神経障害としての多発神経炎，視神経炎，小脳失調，初老期痴呆等（症状は頭痛，頭重感，いらいら，めまい，不眠，記憶力の低下，失神，手足のしびれ感，神経痛，脱力，麻痺等）
③ 皮ふ・粘膜障害としての皮ふ炎，結膜炎，上気道炎（症状は皮ふあれ，かゆみ，なみだ，目の充血，くしゃみ，せき等）
④ 呼吸器障害としての慢性気管支炎（症状はせき，たん，息苦しさ等）
⑤ 肝障害

⑥ 腎障害（症状はタンパク尿，血尿等），

⑦ 造血器障害（症状は再生不良性貧血，白血病，貧血等）

有機溶剤に限らず，有害性が高いと考えられる 70 の化学物質については，特定化学物質等障害予防規則で作業者に被害が生じない取扱方法等が定められています。また，厚生労働省が，100 種類弱の化学物質について作業環境評価基準を定めています。さらに，日本産業衛生学会では，400 弱の化学物質について，毎年，作業環境の許容濃度等の勧告[69]をしています。

なお，中央労働災害防止協会の安全衛生情報センターが，毎年の安全衛生行政発表資料[70]をすべて検索できるようにしています。

しかし，作業環境の許容濃度は，大気環境基準に比べて高すぎる物質があります。例えば，2016 年現在の作業環境の許容濃度と大気環境に係る環境基準とを比較してみると，ベンゼン，トリクロロエチレン，ジクロロメタンの作業環境の許容濃度は 1 ppm，10 ppm，50 ppm である一方で，それぞれの大気環境基準は 1 年平均で $0.003\,\mathrm{mg/m^3}$（約 0.00092 ppm），$0.2\,\mathrm{mg/m^3}$（約 0.037 ppm），$0.15\,\mathrm{mg/m^3}$（約 0.042 ppm）で，作業環境の許容濃度の 1 087 倍，270 倍，1 190 倍です。

作業環境の許容濃度は，健康な労働者が 1 週間に 40 時間吸入しても大部分の人には悪影響のない濃度とされています。一方，大気環境基準は，一般の人が毎日 24 時間，1 週間に 168 時間，一生涯（70 年とされている）吸っても悪影響のない濃度とされています。すなわち，呼吸時間が（168 時間/40 時間＝）4.2 倍，吸入年数が（70 年÷約 45 年＝）約 1.55 倍異なり，また，体の弱い人と健康な労働者との差があります。このことから，大気環境基準は，作業環境許容濃度の $1/(4.2×1.56)×$（健康な労働者と体の弱い人の感度比）$=1/(6.55)$ $×$（健康な労働者と体の弱い人の感度比）ということになります。

すなわち，両濃度の比が 1 119 であれば，健康な労働者と体の弱い人の感受性度が $1\,119/6.55＝171$ 倍ということになります。また，両濃度の比が 270 であれば，健康な労働者と体の弱い人の感受性度が $270/6.55＝41$ 倍となり，化学物質ごとにかなり異った倍率となります。このような倍率で良いのか否かを

しっかりと再検討することが必要と考えられます。

　また，有機溶剤等の化学物質の使用やそれらの有害性を労働者が知らされていない場合，あるいは雇い主も労働者も，どのような化学物質を，どれくらい含んでいるものを取り扱っているのかがわからない場合も少なくないことが指摘されています。

3.1.6　有機溶剤による室内空気汚染被害の例

〔1〕　**室内汚染被害の原因と指針値**　　近年，冷暖房用の空調機が普及してきたこと，及び省エネのために家屋の気密化が進んだことなどによって，燃焼機器から発生する窒素酸化物や一酸化炭素，及び建材や家具等から発生するホルムアルデヒド等の有機化合物による室内汚染の被害が起きやすくなっています。また，ドライクリーニングした衣類からのテトラクロロエチレン等のクリーニング溶剤，及びシロアリ駆除に用いられたクロルピリホス等の殺虫剤とそれらを溶かすための有機溶剤も**室内空気汚染**の原因となっています。

　このような室内空気汚染は，個人住宅だけでなく，幼稚園・保育園や学校，オフィスビル等でも起こり，**シックハウス**，シックスクール，シックビル等という名前が生まれました。

　これらを受けて，1997 年に，厚生労働省の「快適で健康的な住宅に関する検討会議の住宅関連基準策定部会化学物質小委員会」が，ホルムアルデヒドの室内濃度指針値を，$1 \mathrm{m}^3$ 当たり $100 \mu\mathrm{g}$ と提案しました。また，2000 年に，厚生労働省が設置した「シックハウス（室内空気汚染）問題に関する検討会」[71]が，$1 \mathrm{m}^3$ 当たりトルエンは $260 \mu\mathrm{g}$，キシレンは $870 \mu\mathrm{g}$，パラジクロロベンゼンは $240 \mu\mathrm{g}$，エチルベンゼンは $3\,800 \mu\mathrm{g}$，スチレンは $220 \mu\mathrm{g}$，クロルピリホスは $1 \mu\mathrm{g}$（小児は，$0.1 \mu\mathrm{g}$），フタル酸ジ-n-ブチルは $220 \mu\mathrm{g}$，揮発性有機化合物の総量（略号：TVOC）は $400 \mu\mathrm{g}$ という室内濃度指針値，及びこれらの採取方法と測定方法を公表しました。

　これらに連動して，1998 年に，(財)建築環境・省エネルギー機構（当時は住宅・建築省エネルギー機構）が，設計・施工ガイドラインと室内空気汚染低

減のためのユーザーズ・マニュアルを公表しました。また，（一社）住宅生産団体連合会が，構成団体の会員が取り扱う住宅については，2001 年 10 月着工分から，住宅内でのホルムアルデヒド及び揮発性有機化合物（略号：VOC）の室内濃度を低減するための基準を適用することとしました。

　なお，厚生労働省は，2004 年に，「シックハウス対策に関する医療機関への周知について」という文書を出しました。また，健康保険の診療報酬請求にシックハウス症候群という病名の使用を認めました。

　これらによって，室内空気汚染の被害は大幅に減りましたが，家具類についての明確な基準はなく，特に，輸入家具類からの化学物質の放出による被害例が報告されています。また，住宅ではアルコール類の濃度が高くなっていることから，詳しい調査と対策が必要であるとの東京都健康安全研究センターの報告[72]もあります。

〔2〕　有機溶剤以外の室内空気汚染物質　　室内空気汚染物質としては，有機溶剤以外にも，微生物由来の揮発性有機化合物及び微粒子，ホコリなどのハウスダストが挙げられています。特に，室内の微粒子については，燃焼によるもののほかに，化学物質から二次的に生成する微粒子や，室内での調理，ローソク，アロマ，ヘアスプレー，ドライヤー，タバコ，ガスストーブ等から発生する微粒子，及びコピー機やレーザープリンタ等の情報機器から発生する超微粒子があります。また，やや揮発しにくい半揮発性有機化合物（略号：SVOC）やほかの粒子に吸着した揮発性有機化合物，及び木材から発生したり，消臭剤に含まれる天然有機化合物であるテルペン類の微粒子などもあります。これらの微粒子が小児ぜんそく等の健康被害に影響するといわれていますが，微粒子の濃度とこれらの疾患との詳しい関係の解明はあまり進んでいません。

　室内の浮遊粉じんは，建築物における衛生的環境の確保に関する法律[55]に基づいて測定されている粒径 $10\,\mu m$ 以下の微粒子（略号：SPM）の濃度で評価されていました。しかし，最近は，$2.5\,\mu m$ 以下の超微粒子（略号：$PM_{2.5}$）が問題になっています。これらの SPM や $PM_{2.5}$ は，空気中の重量で評価されています。しかし，例えば，質が同じならば，$10\,\mu m$ の粒子 1 個の重量は，2.5

μm の粒子 $(10/2.5)^3 = 64$ 個の重量に相当することになりますから，SPM 濃度には，大きめの粒子の影響が大きくなってしまうと考えられます。

なお，10 μm より大きな粒子は鼻や気管で捕捉されて肺に入りにくく，0.05 μm 程度以下の粒子は呼気とともに排出されやすいとされています。ただし，0.02 μm 以下のものは粒子でなく，ガスと同様に，一部が肺胞から吸収されて血液に入りますので注意が必要です。

今後は，PM$_{2.5}$ の発生源や発生濃度の調査・研究，及びエアコンや空気清浄機等による除去効果の評価と改善が期待されています。

〔3〕 **化学物質過敏症**   室内空気汚染被害の一つとして，多種化学物質過敏症（略称：**化学物質過敏症**，略号：MCS）という疾患があります。1950 年代に，アメリカのランドルフ医師が化学物質への暴露によって発生する過敏反応の可能性を提唱し，1980 年代に，カレンが多種化学物質過敏状態という概念を提唱しました。

この多種化学物質過敏症は，医学的には本態性環境不耐症といわれ，非常に微量の多種類の化学物質，おもに揮発性有機化合物によって，粘膜刺激症状（結膜炎，鼻炎，咽頭炎），皮ふ炎，気管支炎，喘息，動悸，不整脈，下痢，便秘，悪心，異常発汗などの自律神経障害，手足の冷え，易疲労性，不眠，不安，うつ状態，記憶困難，集中困難，価値観や認識の変化などの精神症状，けいれんなどの中枢神経障害，頭痛，発熱，疲労感，運動障害，四肢末端の知覚障害などの末梢神経障害を起こす疾患をいいます。

この多種化学物質過敏症は，薬物中毒やアレルギーと混同されやすいのですが，異なる疾患とされています。また，シックハウス症候群と混同されることもありますが，シックハウス症候群は，住宅に由来するさまざまな健康被害の総称で，概念が異なります。

1997 年度には，環境省が，著者も加わった多種化学物質過敏症の研究班を設置しました。この研究班では，2004 年に，化学物質の有無での反応の差をみる二重盲検法という方法での疫学調査を行い，おもな原因化学物質の一つとされている微量のホルムアルデヒドへの暴露と症状との関係を調べましたが，

この調査では両者の間に明確な関係は認められませんでした。

　なお，2003 年には，厚生労働省も室内空気質健康影響研究会を開催し，用語の検討や化学物質過敏症についての見解の整理を行っています。

　また，厚生労働省は，2009 年 10 月から，病名リストに化学物質過敏症を登録し，カルテや診療報酬明細書に記載できるようにしました。

　2010 年には，有機溶剤を扱う業種に勤務し，化学物質過敏症による眼球運動障害を患った男性が労働災害と認定されました[73]。また，労働災害認定の控訴審で業務起因性が肯定された例もあります。しかし，化学物質過敏症のなかには，アレルギー等の既存の疾病とみなせる患者が少なからず含まれているとの指摘もあります。

　さらに，（NPO）化学物質過敏症支援センター[74]によると，北里研究所の坂部貢氏のところに診察に来た化学物質過敏症と認識している患者 221 名のうち，164 名（約 74％）が女性であったとされています。また，年齢は 6 歳 〜62 歳まで幅広かったのですが，40 歳前後の人が多く，平均 42 歳であったとされています。この年齢は，女性ホルモン量が大きく減少し始める時期であり，女性ホルモンの減少による更年期障害と混同されているとの指摘もあります。

3.2　化学物質によってある地域が汚染されて被害がでた例

3.2.1　放射性物質汚染による被害の例

〔1〕　原子爆弾による放射性物質汚染被害　　1945 年 8 月 6 日に，人類史上最初の原子爆弾が，広島に投下されました。この原子爆弾によって，大量の放射線と放射性物質が放出され，深刻な被害をもたらしました。爆心地から約 1 km 以内にいた人の多くは数日のうちに死亡しました。また，無傷と思われた人たちが，被爆後，年月が経過してから発病し，死亡していく人も数多くいます。また，救護活動のために，爆撃後に市内に入った人たちも発病したり，死亡する人が数多くいます。

　被爆直後から短期間に現れた熱線及び爆風や放射線による一連の症状を急性

放射線障害といい，吐き気や食欲不振，下痢，頭痛，不眠，脱毛，倦怠感，吐血，血尿，血便，皮ふの出血斑点，発熱，口内炎，白血球や赤血球の減少，月経異常などのさまざまな症状が出ました。また，外傷が悪化したり，病原菌への抵抗力が弱まって発病したり，出血症状や白血球の減少などで多くの人が死亡し続けています。広島への原子爆弾の投下による死亡人数は，正確にはつかめていませんが，1945 年末までだけでも約 14 万人と推計されています。

　また，長崎にも 1945 年 8 月 9 日に原子爆弾が投下され，1945 年末までに約 7 万 4 000 人が死亡したとされています。

　日本が，人類で最初の甚大な原爆被害を受けたことから，二度とこのような甚大な被害が繰り返されないように，日本人が核廃絶を世界に一層強く働きかけることが求められています。

〔2〕 原子力発電所事故による放射性物質汚染被害　　2011 年 3 月の東日本大震災に伴って発生した津波等によって，東京電力福島第一原子力発電所のベント（排気），水素爆発，格納容器の破損，冷却水漏れなどにより，大気をはじめ，土壌，及び地下水を含む水中に放射性物質が放出されました。これによって，福島県だけでなく，茨城県，群馬県，栃木県，宮城県，岩手県，千葉県等に比較的高濃度の汚染被害をもたらしました。

　東京電力，及び国会の東京電力福島原子力発電所事故調査・検証委員会の報告[75]によると，大気中に放出された放射性のよう素 131 とセシウム 137 の合計量は，放射性よう素換算量で約 90 京（9×10^{17}）Bq（ベクレル：放射性物質の量を表す単位）相当と推算され，チェルノブイリ原子力発電所事故の約 6 分の 1 にもなるとされています。

　また，高濃度に汚染された水中の放射性物質の量は，東京電力発表の水量と濃度に基づけば，330 京 Bq 相当と推算されています。

　さらに，土壌中に蓄積された放射性物質の量は，$1 \mathrm{m}^2$ 当たり 1 万 Bq 以上となる地域が，13 都県で 3 万 km^2 以上に及ぶと推算されています。

　政府は，長期的には，日本人が自然に曝される放射線量である年間平均 1.4 mSv（ミリシーベルト：シーベルトは人が放射線でダメージを受ける程度の単

位）に追加される被曝量を年間 1 mSv 程度にすることを目指すとして，8 県の 102 市町村を「汚染状況重点調査地域」に指定して調査し，除染を進めています[76]。

しかし，福島原子力発電所からの放射線の放出は続いており，事故を起こした原子力発電所のがれき等の撤去や放射性物質汚染被害の回復には，数十年 ～ 数百年を要するといわれています。

また，この事故の対策費用には 2 兆円以上もの経費がかかると推算されています。事故がなければ電気を安くつくれるということで原子力発電所に頼っていると，また莫大なツケがくるかもしれません。

また，現在，電力自由化が行われ，さまざまな電気会社が電気を売ることになっていますが，地熱，波力，風力，太陽光や太陽熱などの自然エネルギー（再生可能エネルギーともいいます）だけで発電をしている会社から電力を買う人は，まだ少数派です。

自然エネルギーによって，できるだけ安く電気をつくる方法を発展させ，自然エネルギー発電を早く増やすことが望まれています。

なお，病院でのレントゲン（X 線）検査で受ける放射線量は，4.5 mSv 以下です。この被曝は，短時間であることと，X 線検査によって発見される病気に比べて検査の影響（リスク）のほうが小さいと認識されていることなどから，

☕ コラム 12：原子力発電は本当に安いのか

　資源エネルギー庁が 2016 年に発表した発電費用[77]は，石油火力が 30.6 円/kWh ～ 43.4 円/kWh，LNG 火力が 13.7 円/kWh，石炭火力が 12.3 円/kWh，一般水力発電が 11.0 円/kWh，原子力が 10.1 円/kWh で，原子力が最も安いとされています。

　しかし，原子力発電の費用については，事故の頻度が過小評価されている可能性が高いこと，廃炉費用が適切に評価されていないこと，事故リスクの対応費用が直接的被害額と考えられ，住み慣れた土地と生活基盤を奪われたことなどの莫大な損失が含まれていないことなどに批判があります。

多くの人に受け入れられています。

3.2.2　ばい煙汚染による被害の例

〔1〕　ばい煙被害の歴史　　ばい煙被害の事例としては，1960 年 〜 1972 年にかけて，三重県四日市の石油化学コンビナートから排出された**硫黄酸化物**を含むばい煙による集団ぜんそく被害が代表的です。子どもたちの被害が大きかったことから，子どもたちが活性炭入りの黄色いマスクをして通学する時期もありました。四日市以外にも，川崎ぜんそく，横浜ぜんそくなどの被害が続出しました。また，硫黄酸化物は，酸性雨の原因ともなり，農作物を含む植物等にもさまざまな被害を与えました。

しかし，誘致された工場のばい煙は，高度経済成長のシンボルであったことや被害地域には発生源工場で働く人の家族も多かったことなどから，我慢する住民も多く，被害の認定及び対策や補償が遅れました。

1972 年には，四日市ぜんそく公害訴訟において，津地方裁判所四日市支部が，コンビナート内の石原産業(株)，中部電力(株)，昭和四日市石油(株)，三菱油化(株)，三菱化成工業(株)，三菱モンサント化成(株)の 6 社が加害企業として認定し，共同不法行為があったとして賠償を命じました。

これをきっかけに，京浜工業地帯，阪神工業地帯，北九州工業地帯等でも，工場からのばい煙による，ぜんそく等についての訴訟が続きました。これらを受け，1973 年に公害健康被害の補償等に関する法律が制定され[78]，患者への支援や補償が行われました。

なお，1980 年ごろからは，硫黄分の少ない原油や石炭を輸入して使用するようになったこと，原油や石炭，及び排ガスから硫黄化合物を除去する脱硫装置が普及したこと等によって，ばい煙による新たな大気汚染被害は大幅に減少しました。

ただし，被害者のなかにはすでに死亡した人も少なくありませんし，長期間ぜんそくに悩まされて暮らさざるをえなくなった人やその家族もさまざまな影響を受け続けたことを忘れずに，二度とこのようなことを繰り返さないことが

大切です。

〔2〕　ふっ化水素被害　　日本のアルミニウム製錬は1934年に開始され，その後，アルミニウムがさまざまな用途に普及し，アルミニウムの需要が急増しました。このアルミニウムの製錬は，酸化アルミニウムを主体とするボーキサイトをふっ素を含む氷晶石とともに電気分解で溶融して製造するため，製造時にふっ化水素が発生します。このふっ化水素を含むばい煙が周辺の農作物や樹木，特に桑畑に被害を与え，1960年代に大きな問題となりました。

　これらの被害等があり，1975年ごろから，アルミニウムの生産は，電気料金が安く公害問題に対する規制が緩い発展途上国で行われるようになり，日本には製錬後又は加工後のアルミニウムのみが入ってくるようになりました。

〔3〕　発展途上国での被害　　発展途上国では，ばい煙の処理が不十分で，周辺に被害が出ている地域があります。また，都市部では，ばい煙の被害と光化学スモックなどが重なって視界が狭くなり，通行人がマスクをして歩くような日が増えたりしています。

　いまの日本人の多くは，数十年前の日本でも同じような光景が見られたことを忘れて，このような外国の状況をヒドイと思っていますが，経済発展を優先し，環境や弱者が犠牲になることが繰り返されています。人の欲望は発展の源とされていますが，際限がありません。欲望をある程度抑えるために，弱肉強食やお金（経済）だけでない価値を学校や社会で教え，弱者の犠牲，マイナス

🏺コラム13：高度成長期には企業の利益・発展が最優先だった

　1955年～1973年の日本は高度成長期といわれ，工学部の学生には，1年生から企業が奨学金を付けて将来の就職を約束させていました。そんな企業の利益・発展が最優先されている時代に，「企業活動によって周辺環境が汚染され，周辺の住民や生態系に多くの被害を与えることはおかしい（現在は当たり前と考えられていることです）」というと，日米安保条約に力ずくで反対運動をしていた中核派や革マル派などの「過激派」の人と同じとみなされて「おまえは就職できない」などといわれました。

面にもしっかりと目を向け，できるだけマイナス面を減らす対策をとることが求められます。

　特に最近の日本人は，発展途上国でつくられた安い製品を購入することも多くなっています。しかし，安い製品をつくっている国で，犠牲になっている人がいないか，自然破壊が進んでいないかなどを調べ，そのようなことが少ない製品を買う（フェアトレードといいます）ことも必要です。

3.2.3　水銀汚染による被害の例

〔1〕　水俣病の歴史　　　水質汚染による大きな被害の代表的な事例は，二か所の水俣病とイタイイタイ病です。この三つに，3.2.2 項に記した四日市ぜんそくを加えて，四大公害病といわれています。

　水俣病の詳細については，2015 年 6 月に衆議院調査局環境調査室が作成した，226 頁に及ぶ「水俣病問題の概要」という資料[79]がとても参考になります。

　この水俣病は，熊本県水俣市にあるチッソ(株)(旧 新日本窒素肥料(株)) 水俣工場が，水俣湾に流した廃液中のメチル水銀が体に溜まって起きた人類史上最悪の公害病ともいわれる病気です。この公害は，日本人が忘れてはならない大きな過ちであり，世界的にも Minamata Disease といわれています。

　水俣病のおもな症状には，手足（四肢）末端の感覚障害，運動失調，狭い範囲しか見えなくなる求心性視野狭窄，聴力障害，平衡機能障害，言語障害，手足の震え等があります。重症の場合には，狂騒状態から意識不明，さらには死亡する場合もあります。軽症の場合には，頭痛，疲労感，味覚・嗅覚の異常，耳鳴り等があり，また，胎児への影響もあります。

　1942 年ころから，水俣湾近くで水俣病らしき症例が見られ，1952 年ころには，ネコやカラスの不審死が多発し，同時に特異な神経症状を示して死亡する住民がみられるようになりました。1954 年には，熊本日日新聞がネコの狂い死にを報道しました。しかし，当時の水俣市では，発生源の工場に勤めている人も多かったことなどから，漁民たちへの誹謗中傷が行われ，奇病，風土病，あるいは前世の悪業の報いでかかる業病といわれ，水俣病患者と水俣出身者

への差別が起こりました。

1956 年 5 月 1 日に，熊本大学医学部が原因不明の中枢神経疾患の 5 例を水俣保健所に報告しました。同年には，女児がチッソ(株)水俣工場付属病院小児科に入院し，水俣保健所が「原因不明の奇病発生」と公表したことが水俣病の公式確認となりました。この年には，50 人が発病し，11 人が死亡しました。1957 年には，水俣保健所が水俣湾内で獲れた魚介類を与えたネコに奇病が発生することを確認し，1958 年には，熊本県が水俣湾海域内での漁獲を禁止しました。漁業ができなくなった漁民たちは貧困に陥り，食べものを魚介類に頼らざるをえなくなったことが，被害拡大の一因といわれています。

1959 年に，熊本大学医学部研究班は，有機水銀が上記のようなさまざまな症状の原因であると発表し，厚生省食品衛生調査会が「水俣病の原因は有機水銀化合物である」と厚生大臣に答申しました。しかし，新日本窒素肥料(株)水俣工場が原因として疑われるとの談話を残しただけで，この調査会の水俣食中毒特別部会は答申の翌日に解散しました。この年に，通商産業省（現在の経済産業省）が工場排水の水俣川河口への放出のみを禁止しましたが，製造禁止はしませんでした。

また，同じ 1959 年に，新日本窒素肥料(株)附属病院の細川一院長は，アセトアルデヒド製造工場の排水を投与した猫が水俣病を発症していることを確認し，工場の責任者に報告しましたが，工場の責任者は実験結果の公表を禁じました。

1959 年 12 月には，新日本窒素肥料(株)が，責任を認めないまま，水俣病患者や遺族らの団体と見舞金契約を結んで少額の見舞金を支払い，「水俣病の原因が工場排水であることがわかっても新たな補償要求は行わない」と約束させました。また，同時に同工場は，水銀を除去できる汚水処理装置を設置したので汚染の問題はなくなったと宣伝しました。この汚水処理装置はメチル水銀の除去にほとんど効果がありませんでしたが，これらによって水俣病問題は一時沈静化し，1960 年に，経済企画庁と通商産業省，厚生省，水産庁が発足させた「水俣病総合調査研究連絡協議会」も明確な成果を出すことなく，消滅しま

した。また，厚生省は「熊本水俣病患者の発生は1960年で終わり，原因企業と被害者との間で和解が成立しているので，水俣病問題は終結した」としました。

さらに，ある国立大学医学部の名誉教授らと新日本窒素肥料(株)や(社)日本化学工業協会等が，有機水銀化合物が原因であるとした食品衛生調査会の答申に対して強硬に反論したこと，ある国立工業大学の教授が，ほとんど調査や試験を行わずにアミン原因説を提唱し，ある私立大学の教授も，腐敗アミン原因説を発表するなど，非水銀原因説を唱える学者が出現しました。このように，大学教員等も企業の利益・発展を第一に考え，周辺住民のある程度の犠牲はやむを得ないとして無視する人が少なからずいたこと等によって，根本的な対策が取られないまま被害が拡大し，工場排水の放流が止められたのは1968年になってしまいました。

一方，1965年になって，新潟大学が新潟県阿賀野川流域で有機水銀中毒とみられる患者が発生していると発表しました。新潟水俣病，あるいは第二水俣病と呼ばれるものです。

> **☕コラム14：水俣病の原因解明と対策を遅らせた大学教授**
>
> 　水俣病は有毒なアミン（腐った魚）を食べたことが原因だとする説を発表したある国立工業大学の教授は，近所の野良ネコを買い取って，アミンを大量に与えたところ，野良ネコたちがヨダレを垂らすようになったので，それをもってネコたちは水俣病になったとし，水俣病の原因をアミンの摂取だとしたのです。一流大学のなかで，化学工業界からのお金が欲しくていいかげんなことを行っていたのです。化学工業界は，初めは渡りに舟と歓迎しましたが，しばらくして，同教授のいいかげんさに気づき，苦情をいいに行きましたが，同教授は居留守を使って逃げまわっていました。
>
> 　このようなことは恥ずべきことですので，同教授の研究室の大学院学生から，良識のあるほかの教員たちに伝えられました。しかし，大学の研究室のことにはほかの研究室が立ち入らないという治外法権的な慣習があり，なにも行われませんでした。

厚生省は，新日本窒素肥料(株)水俣工場がアセトアルデヒド製造を終了した直後の 1968 年になって，熊本水俣病は工場排水中のメチル水銀化合物が原因であると発表し，科学技術庁が新潟有機水銀中毒も，昭和電工(株)鹿瀬工場排水中のメチル水銀が原因であると発表しました。

〔2〕 水俣病の訴訟と被害者数　水俣病についてはいくつもの訴訟が行われましたが，国は裁判所の和解勧告を長期間拒否し続け，和解に転じるのは 1996 年になりました。また，2004 年の水俣病関西訴訟における最高裁判所判決では，国や熊本県は 1959 年の終わりまでには水俣病の原因物質及びその発生源について認識できたとし，1960 年以降の患者の発生については，国及び熊本県に不作為違法責任があると認定しました。最高裁判所の判決から 5 年後の 2009 年になって，ようやく水俣病被害者の救済及び水俣病問題の解決に関する特別措置法（略称：水俣病被害者救済特措法）[80]が成立，施行されました。この法律の成立によって和解協議が進められ，2010 年 3 月に，原告及び被告の双方が熊本地裁から提示された所見を受け入れる基本合意が成立しました。また，2011 年には，紛争終結協定が締結されて和解が成立し，2012 年 7 月に患者の申請受付が終了しました。

一方，2013 年に，最高裁判所によって，従来の被害判定基準の見直しが求められ，2014 年に，環境省が複数症状の組合せがない場合の「総合的検討」について整理した新たな運用指針を通知しました[81]。これらによって，2015 年 3 月末までに，一時金が支払われることになった被害者数は 30 433 名となりました。

しかし，すでに死亡した患者も多く，当時は胎児や乳幼児であった人を含めた被害の認定などについては意見の相違があり，水俣病問題はまだ混迷が続いているといえます。

なお，水俣病については，小説やルポルタージュがいくつか出されています。例えば，武田泰淳が 1957 年に，チッソ(株)水俣工場の排水が原因であることを会社も地域住民も知りつつ隠している地域事情を書いた『鶴のドン・キホーテ』，水上勉が 1959 年に，新潟水俣病の発生を予見した『不知火海沿岸』

とこれを加筆した 1960 年の『海の牙』，石牟礼道子が 1969 年に，患者の悲惨な実態を生々しく書いて水俣病を広く知らせた『苦海浄土 わが水俣病』と 1982 年に絵本『みなまた 海のこえ』等，吉田司が 1987 年に，「下下戦記」を出版しています。

　なお，1956 年 ～ 1966 年ごろには，有機水銀であるフェニル水銀系農薬が，イネのいもち病防除剤として散布され，また，水俣病の原因となったメチル水銀系農薬が種子の消毒や土壌殺菌に，年間約 100 トン ～ 300 トンも使用されていました。これらは，1973 年に使用禁止となりましたが，有機水銀系農薬の影響については詳しく調べられていません。

　〔３〕　**野生生物への水銀蓄積と外国での汚染事例及び水俣条約**　　外国でも，1970 年前後に，中国の化学工場からの廃液によるメチル水銀及び無機水銀による土壌汚染が確認され，1990 年代には，アマゾン川流域やミンダナオ島での水銀による住民の健康被害などが確認されました。また，五大湖に面するカナダのオンタリオ州等でも，有機水銀中毒が報告されました。

　なお，アマゾン川流域やフィリピンのミンダナオ島等の金鉱山の下流域での有機水銀による健康被害は，金採鉱のために利用された金属水銀の一部が有機水銀に変化して魚介類に蓄積されたものを摂取したためとされています。ただし，アマゾン川流域では，有機水銀系農薬の散布の影響も疑われています。

　水俣病の原因となった水銀が，野生生物に蓄積していることも問題になっています。例えば，マグロ類，サメ類，深海魚類，クジラ類（クジラ，イルカ等）はメチル水銀濃度が高くなりやすいことがわかっています。このため 2003 年に，厚生労働省の「薬事・食品衛生審議会食品衛生分科会の乳肉水産食品・毒性合同部会の検討結果概要等について」[82]で，「水銀を含有する魚介類等の摂食に関する注意事項」を発表し，「魚介類に含まれる水銀について」[83]という通知を出して理解を促しています。

　ただし，食用としなくても，食物連鎖を通して海洋生物に有機水銀が蓄積されることは，生物種の保全に影響する問題として懸念されています。

　〔４〕　**水俣条約と水銀使用製品の回収**　　これらの世界的被害をふまえて，

2001 年から，国連環境計画（略号：UNEP）が水銀管理についての検討を始め，政府間交渉委員会を設置して交渉を開始しました。その後，2013 年 1 月の政府間交渉委員会第五回会合において，水銀条約に関する条文の案が合意されました。また，この条約の名称は「水銀に関する水俣条約」に決定され，同年 10 月に熊本市及び水俣市での外交会議と準備会合が開催され，EU を含む 92 か国が署名しました[84]。この水銀に関する水俣条約は，50 か国が締結してから 90 日後に発効するとされ，2017 年 8 月 16 日発効しました。

　このように水銀が国際的に規制されたため，日本でも水銀を使った圧力計や温度計が回収されることになり，大きな企業や病院・医院などでは水銀を使った気温計や体温計の回収ルートができ，回収するようになりました。しかし，家庭や小さな事務所などに 2 000 万本近くあるとされる水銀を使った体温計や気温計については，回収ルートが周知されず，回収されずに使われたり，保管されたり，ごみとして捨てられているものも少なくありません。

　PCB 使用製品とも共通していますが，一度社会に広がった有害物質を含む製品を回収するのは非常に大変です。水俣病の経緯をふまえて，二度とこのようなことが生じないように，行政官をはじめ，専門家といわれる人やマスコミ関係者も，責任をもって予防的，かつ迅速に対応することが必要です。

3.2.4　カドミウム汚染による被害の例

〔1〕　イタイイタイ病の歴史　　**カドミウム汚染**による**イタイイタイ病**については，富山県立イタイイタイ病資料館[85]が情報をまとめて提供しています。

　イタイイタイ病は，1910 年代 ～ 1970 年代前半にかけて，神通川下流域の富山県婦負郡婦中町（現在の富山市）で多発した病気です。

　軽症では，多尿，頻尿，口渇，多飲，便秘などになり，進行すると，骨量が減るとともに，立ち上がれない，力が入らない等の筋力低下も起こり，歩行時の下肢骨痛，呼吸時の肋骨痛，上肢・背部・腰部等の運動痛が現れ，最終的には，骨の強度が極度に弱くなって身体を動かすと骨折するため，寝たきりになってしまう病気です。

　発見当初は，原因不明であったため，水俣病と同様に，風土病，あるいは前世の悪業の報いでかかる業病（ごうびょう）といわれ，患者を含む町民全体が差別されました。

　1955 年になって，地元のある開業医がイタイイタイ病を紹介する記事を富山新聞に掲載しましたが，この記事が発表された後，過労説や栄養失調説等も出されました。1961 年には，この医師とある農学者が，イタイイタイ病の原因はカドミウムであることを発表しました。また，同年には富山県，翌年には厚生省と文部省（現在の厚生労働省と文部科学省）が独自に原因究明に乗り出し，原因物質としてカドミウムの疑いが濃厚であるが，栄養上の障害も考えられるという「カドミウム＋α 説」を発表しました。

　1968 年になって，被害者の家族や遺族らが第一次訴訟を起こし，厚生省も，イタイイタイ病の本態はカドミウムの慢性中毒による骨軟化症であり，カドミウムは神通川上流の神岡鉱業所の事業活動によって排出されたものであるとの判断を示しました。

　1971 年には，第一次訴訟に対して原告（被害者）勝訴の判決が出され，1972 年の第二審判決も原告勝訴となりました。これに伴って，発生源の三井金属鉱業(株)は和解に応じ，患者と要観察者への救済が始まり，第七次まで行われた訴訟も取り下げられました。しかし，認定を申請して却下された人が，環境省に設置された不服審査委員会に審査請求を行いました。

　判決からおよそ 40 年後の 2013 年 12 月になって，神通川流域カドミウム被害団体連絡協議会が，三井金属鉱業(株)と全面解決の合意書を交わし，国の基準では救済されない患者にも一時金を支払うことで，一応の解決をしました。

〔2〕　**患者数と今後**　　川田篤志によると，2014 年 9 月末時点での述べ認定患者数は 198 人，要観察者は延べ 408 人とされています[86]。また，2014 年の検査では，従来の 5 歳刻みの流域住民の健康調査が全年齢対象に切り替えられたため，精密検査対象者が最多となり，認定患者が増えると想定されました。しかし，健康調査の受診率が低迷し，いまだに正確な患者数は把握できていません。

また，230地点の水田で作付けが停止され，カドミウム濃度が米1kg当たり1.0mg以上の米は廃棄され，0.4mg以上で1.0mg未満の米は，政府が買い上げて工業用糊の原料等とされました。また，1630haがカドミウム汚染地域に指定され，土壌復元事業が始まり，2012年末に完了しました[87]。

しかし，カドミウムはなくなるわけではありませんので，豪雨時等に保管場所から汚染土砂が流出することがないような恒久的管理が必要です。

一方，カドミウムを使ったニッケル・カドミウム電池（略称：ニカド電池）が広く使われています。このニカド電池とは，正極に酸化水酸化ニッケル，負極にカドミウムを用いた電圧が1.2V～1.3Vの電池です。このニカド電池は，体積当たりの容量が少ないこと，つぎ足し充電すると一時的に電圧が下がること，カドミウムが有害なことなどの欠点があります。しかし，内部抵抗が小さく，電圧がゼロになるまで使えること，低温度でも使えること，雑な扱いをしても耐えることなどから，ラジコンや電動工具用等の蓄電池として広く使われ，太陽光（ソーラー）発電との組合せにも使われています。

また，このニカド電池については，ほかの小型電池とともにリサイクルシステムができていますが，回収率はあまり高くありません。さらに，最近は，ニカド電池に代わってリチウムイオン電池が増えてきていますが，これのリサイクルでも回収率が問題になっています。

今後，回収が難しい製品には有害物を含まないようにすることが重要です。

3.2.5 ダイオキシン類汚染による被害の例

〔1〕 **ダイオキシン類の毒性** ダイオキシン類は，大量に摂取しなければ，短期的な毒性を示さないのですが，長期的に摂取すると，人や野生生物に，発がん，免疫障害，ホルモン異常等を起こすとされています[88]。

〔2〕 **発生源と環境中での挙動** ダイオキシン類の発生源には，廃棄物の焼却施設，火葬場，金属精錬施設，及び農薬等の化学合成施設などがあります。当初は，廃棄物の焼却に伴って排出される量が大部分でした。特に，多数の小規模な廃棄焼却施設から発生するダイオキシン類が，周辺の茶畑を汚染し

ている例がマスコミで報道されたことから，報道地域を含めた周辺地域の農作物が売れなくなり，周辺農家が大きな経済的被害を受けました。

　これを契機に，完全燃焼しにくい小型の廃棄物焼却施設がダイオキシン類の主要な発生原因になることが明らかにされ，工場内の小型の廃棄物焼却施設や学校でのごみ焼却施設等が廃止されました。また，ダイオキシン類対策ができなかった廃棄物焼却施設や小型焼却炉のメーカー，中小規模の金属精錬施設等は廃業を余儀なくされました。

　排ガスとして出されたダイオキシン類は大気中で微粒子などに吸着し，建物に付いたり，雨で地下に入ったりしますが，海上に流れていく量も少なくありません。特に，日本は沿岸に工場などが多いため，昼は海から陸へ，夜は陸から海への風が吹く傾向があるので，昼には内陸部へ，夜には海にダイオキシン類が流れていきます。なお，毒性の強いダイオキシン類は，強い光によって10日程度でかなり分解することが報告[89]されています。

　一方，排水として出されたダイオキシン類は，川などの底に溜まった泥（底泥といいます）などに吸着・濃縮され，しばらくは遠くに行かずに少しずつ分解しますが，大雨が降ると下流や海に流されます。なお，土壌中や水中のダイオキシン類は光分解と微生物により分解で減少しますが，半分に減る期間（半減期といいます）は数年から百年程度とされています[89]。

▟ コラム 15：専門家の責任

　ある国立大学の教授らは，都市ごみ焼却施設から高濃度のダイオキシン類が発生していることを早くから知っていました。しかし，この教授らは，都市ごみ焼却施設を管理する地方自治体等への影響などを危惧して黙っていました。

　専門家はそれぞれの専門家の「村」で考えがちですが，マスコミ報道によるパニックになる前に，専門家が行政への配慮ではなく，国民に対する責任を自覚して問題点を適切に公表し，関係者が対策を進めていれば，ダイオキシン類によるさまざまな被害をより少なくできた可能性があります。

3.2.6　有機塩素系溶剤汚染による被害の例

〔1〕　汚染原因と特徴　　鉱山や金属製練工場の近くでの土壌や地下水の重金属等による汚染は，足尾鉱毒等，古くから問題にされてきました。

一方，1982年の環境庁（現在の環境省）の調査で，トリクロロエタン，トリクロロエチレン，テトラクロロエチレン等の有機塩素系溶剤による地下水汚染が明らかにされ，その後の調査でも，全国各地の多数の地下水や土壌で有機塩素系溶剤による汚染が発見されました。

有機塩素系溶剤によるおもな汚染源には，大規模な機械製造工場から中小規模の金属部品洗浄工場やメッキ工場，クリーニング工場等まで，広範囲の規模と業種の工場がありました。例えば，金属部品の脱脂洗浄を行っている金属加工工場やドライクリーニング工場などで使っていた有機塩素系溶剤を漏らしたり，土にまいたりして汚染した例も多くありました。

普通の有機化合物は軽いので地下の深いところに入りにくいのですが，有機塩素系溶剤は水より重く，土壌中を下へ移動しやすいため，下層の土や地下水に入ることも多くなります。また，地下水の底（水を通しにくい不透水層の上）に溜まり，さらに不透水層のすきまから下の土の層まで入り，さらに深いところまで汚染することがあります。このため，深いところからとっている井戸水も汚染された例も多くあります。また，有機塩素系溶剤は分解しにくいために，汚染が長期間続きます。

〔2〕　土壌汚染対策と塩漬けの土地　　土壌汚染対策法[90],[91]では，10種類の有機塩素化合物とベンゼン（第一種特定有害物質といいます），カドミウム，六価クロム，シアン，水銀，セレン，鉛，ひ素，ふっ素，ほう素とそれらの化合物（第二種特定有害物質といいます），及びシマジン，チオベンカルブ，チウラム，PCBと2種類の有機りん系農薬（第三種特定有害物質といいます）が汚染物質とされました。また，汚染が見つかった地域は，浄化措置が必要な「要措置地区域」と建物を建設する等の形質変更時に都道府県等に届け出る必要がある「形質変更時要届出区域」とに指定されました。

環境省の「平成26年度土壌汚染対策法の施行状況及び土壌汚染調査・対策

事例等に関する調査結果」[92]によると，2014 年（平成 26 年）度時点で，基準以上の汚染が確認されて，措置が必要な区域の指定件数が 84 件，形質変更時要届出区域の指定件数が 448 件あるとされています。

第一種特定有害物質で汚染された土は，汚染地に穴をあけて土のなかの空気を吸引したり，水蒸気を吹き込みながら空気を吸引して浄化する方法のほかに，土を掘り出して加熱処理で汚染物質をとばす方法などで浄化されています。

一方，第一種特定有害物質で汚染した地下水は，汚染場所とその下流の地下水を汲み上げて空気を吹き込み，汚染物質を追い出した水を地下に戻すか，近くの川や下水道に放流する方法がとられています。

土壌中の第一種特定有害物質は微生物によって少しずつ分解しますが，土壌から地下水に入って周辺に広がることもあります。また，土壌や地下水中でトリクロロエタンやトリクロロエチレンからジクロロエタンやジクロロエチレン類，さらに毒性の高いクロロエチレン（別名：塩化ビニル）等が生成します。

しかし，土や地下水の汚染範囲を確実に把握することは難しいため，完全に浄化することはできません。また，汚染状態を詳しく調査して浄化するにはかなりの経費が必要です。この調査と浄化に必要な費用が土地の売却価値より高い土地や，汚染地域として登録されるのを避けたいために調査をしていない土地，あるいは工場内の汚染した土地を届け出ない例もありますので，実際には届出されているよりもかなり多くの土地が汚染していると推定されています。このような調査も浄化されていない土地は，「塩漬けの土地」といわれています。

国などが，この「塩漬けの土地」の調査と浄化に有効な補助等をすることも求められています。

3.2.7 合成洗剤汚染による被害の例

下水道の普及率が低かったころには，水中の微生物で分解しにくい合成洗剤成分（おもにハード型 ABS といわれる分岐型アルキルベンゼンスルホン酸塩

等の界面活性剤）が川に流れ込みました。このため，川が泡立ち，水生生物への影響が多数報告されただけでなく，飲料水にも混入して大きな問題になりました。

また，微生物で分解しやすい石けんを使うべきだという運動が起きました。

これに対して，合成洗剤メーカーは，pp.45-46 に記したように，微生物で分解しやすい直鎖型アルキルベンゼンスルホン酸塩（略号：LAS），あるいは α-オレイフィンスルホン酸塩（略号：AOS）やアルキル硫酸塩（略号：AS）などを主成分とする合成洗剤をつくるようになりました。

また，合成洗剤にカルシウムなどの硬度成分と結合し，洗浄効果への悪影響を減らすために添加されていたポリりん酸塩が，湖沼や海の栄養過剰（富栄養化といいます）を招き，藻の異常増殖の原因になると指摘されました。このため，りん化合物の代わりにゼオライトを加えた無りん洗剤も製造・販売されました[93]。しかし，下水道普及率の低い地域では，川の泡立ち等は完全にはなくなりませんでした。

その後，全国的に下水道の普及率が高くなるに伴って，川の泡立ちもなくなり，飲料水中の界面活性剤濃度も下がったこと，下水の高度処理でりんが除去されるようになったり，浄水場で活性炭処理などの高度浄水処理が行われてきたことなどから，冷水では溶けにくく，衣類に残りやすい石けんより，合成洗剤が多く使われるようになりました。

ただし，下水道や浄水処理の普及率，あるいはそれらの高度処理の普及率が低い発展途上国などでは，河川などの合成洗剤汚染による飲料水や水生生物への影響が続いています。

なお，日本のように水道水を飲料水にできる国は稀で，多くの国では飲料用の水は別売りされています。

3.2.8 大気中での反応生成物質による被害の例

二酸化硫黄などの硫黄酸化物ガスや一酸化窒素や**二酸化窒素**などの**窒素酸化物**ガスが大気中に排出されると，霧や雨に吸収されて酸性の霧や雨を生成する

原因になります。例えば，二酸化硫黄は，空気中で酸化されてから水分と反応して硫酸となり，これに水分が引き寄せられて小さな液滴（硫酸ミストといいます）を生成します。これが，建造物を痛めたり，人に気管支炎やぜんそく等の呼吸器の病気を引き起こします。

また，窒素酸化物ガスや揮発性有機化合物（略号：VOC）の蒸気は，光によってオゾンなどのオキシダントを生成し，人にめまいなどの貧血に似た症状を引き起こします。このオキシダントによる被害も，日本では減っていますが，発展途上国では増えています。

3.3　化学物質によって地球が汚染されて被害がでている例

3.3.1　PCB などの残留性有機汚染物質類汚染による被害の例

〔1〕　**残留性有機汚染物質（POPs）**　　地球規模の汚染が問題になっている化学物質には，ポリ塩化ビフェニル（略号：**PCB**）やダイオキシン類，殺虫剤のジクロロジフェニルトリクロロエタン（略号：**DDT**）など，人や野生生物に対して毒性があり，環境中での残留性や生物への濃縮性と蓄積性が高く，長距離移動性がある**残留性有機汚染物質**（略号：**POPs**）といわれるものがあります。また，オゾン層を破壊し，地球温暖化の原因にもなるフロン類，及び地球温暖化の原因になる二酸化炭素やメタン等もあります。

POPs は，直接的な生物影響はあまり問題になりません。しかし，細菌や藻類等の微生物から，それを多く食べるミジンコ等の微小動物，微小動物を多く食べる魚，魚を多く食べるイルカやクジラ等の海洋ほ乳類，これらや魚を食べる人といった食物連鎖によって，つぎつぎと濃縮され，人や野生生物に悪影響を及ぼす可能性があります。

レイチェル・カーソンが，1962 年に『Silent Spring』という本で，DDT をはじめとする農薬等の化学物質が，さまざまな野生生物に影響していることを訴えました。この本は日本語訳され，1964 年に『生と死の妙薬—自然均衡の破壊者〈化学薬品〉』[94]として出版されました。また，シーア・コルボーンらが

1996年に『Our Stolen Future』で，膨大な科学データを一つ一つ丹念に検証し，野生生物の減少をもたらした原因として，内分泌かく乱化学物質（通称：環境ホルモン）が生殖機能障害をもたらしていることを示し，その影響が野生生物のみならず，人の男子にも精子数の減少等の生殖機能に障害を起こしている可能性があると指摘しました。この本も日本語訳され，1997年に『奪われし未来』として出版されました[95]。

　このため，日本では，子どもの健康と環境に関する全国調査（略称：**エコチル調査**）[96]が進められ，妊娠前の女性から，出産した子どもの13年間の健康状態と，PCB等の合成化学物質の摂取量や体内濃度との関係が調査されています。

〔2〕　**海洋ほ乳類や海鳥の大量死**　　1988年に，デンマークで40頭のアザラシの子の死体が発見され，また，スウェーデン，オランダ，西ドイツ，イギリスなどで約18 000頭のアザラシの死体が発見されました。2002年には，北部ヨーロッパ全域で，約2万頭のゼニガタアザラシの大量死が発生しています。最近でも，2011年に，ニュージーランドでゴンドウクジラが107頭，茨城でカズハゴンドウクジラが52頭，タスマニアでゴンドウクジラが32頭，スコットランドでゴンドウクジラが約100頭，オーストラリアでマッコウクジラが20頭とゴンドウクジラが61頭漂着したことが報告されています。2012年には，ペルーでイルカが900頭以上漂着し，中国ではスナメリが各地で20頭，15頭，300頭，及び800頭，死体で見つかっています。2017年にもニュージーランドで416頭のゴンドウクジラが海岸に打ち上げられ，300頭以上が助けられずに死にました。

　海鳥も，1993年に，アラスカで約10万羽のウミガラス，1996年に，カリフォルニアで約1万羽のペリカン，1997年に，アラスカからカリフォルニアにかけて，約1 300羽のハシボソミズナギドリ等，1999年に，北海道で約1万羽のウトウ，2006年に，知床で5 000羽以上のエトロフウミスズメ等の大量死が報告されています。このほかにも，アメリカでペリカンやカツオドリ等の海鳥類5 000羽以上，チリでペリカン2 300羽，アメリカで数百羽の鳥類，タイ

でコウノトリ数千羽の大量死等が報告されています。

　これらの大量死の原因には，迷い，酸欠，及び細菌やウイルスによる伝染病等があるといわれていますが，PCB やダイオキシン類等の POPs によって免疫力が低下して伝染病に弱くなったり，ホルモン異常を起こすことなど，化学物質の間接的な影響も指摘されています。

　〔3〕　**日本での PCB 使用量と PCB 廃棄物**　　PCB は，日本でおよそ 54 000 トンが使われ，そのうち，製造メーカーなどで回収処理されたのが約 6 500 トン，感圧紙として回収処理されたのが PCB 換算で約 70 トン，中間貯蔵・環境安全事業(株)（略称：JESCO）での処理予定量が約 20 500 トンと推算されています。すなわち，差し引き 27 400 トンの PCB が行方不明になってしまっています[97]。

　高濃度の PCB 廃棄物は，おもに PCB が 60 ％程度以上含まれている絶縁油です。これは，JESCO で処理されています。一方，5 000 mg/kg 未満で 0.5 mg/kg 超の「低濃度 PCB 廃棄物」といわれるものは，環境大臣認定施設や地方自治体許可施設で焼却処理などが行われています。しかし，この低濃度 PCB 廃棄物の約 96 ％は 50 mg/kg 以下の微量の PCB を含む廃棄物であり[97]，高濃度 PCB 廃棄物に比べて，リスクが 1 万分の 1 以下になります。しかし，PCB 濃度によらず，「PCB 廃棄物」とみなされているため，大量にある微量の PCB を含む絶縁油が入っていた容器等の処理がなかなか進んでいません。

　リスクに応じた取扱い[97),98)]が認められれば，早期に世の中から微量の PCB を含む廃棄物をなくすことができます。

　〔4〕　**ストックホルム条約**　　2001 年に，ストックホルムで PCB を含む残留性有機汚染物質に関するストックホルム条約（略称：**ストックホルム条約**又は **POPs 条約**）が採択され，2004 年 5 月に発効しました[99]。この条約では，現在，PCB，アルドリン，エンドリン，クロルデン等の塩素系や臭素系の農薬類とヘキサブロモジフェニルエーテル等の難燃剤類等の 24 物質について，新たな製造や使用を廃絶すること，殺虫剤の DDT や界面活性剤のペルフルオロオクタンスルホン酸（略号：PFOS）とその塩，及びペルフルオロオクタンス

ルホン酸フルオリド（略号：PFOSF）の使用を制限すること，ならびに意図せずに生成してしまうヘキサクロロベンゼンとペンタクロロベンゼンやダイオキシン類等の6物質の生成を抑制することが定められました。さらに，難燃剤のデカブロモジフェニルエーテル，（別名：デカブロモジフェニルオキシド，略号：DBDPO），殺ダニ剤のジコホル，難燃剤や可燃剤に使われていた短鎖塩素化パラフィン類（略号：SCCP），ペンタデカフルオロオクタン酸（略号：PFOA）とその塩及び関連物質の4物質が追加されました。

3.3.2　プラスチック汚染による被害の例

〔1〕　海洋汚染とマイクロプラスチック　　さまざまなプラスチック製品が捨てられ，町を汚し，観光地の景観を損ねるなどの被害がでていますが，プラスチックによる**海洋汚染**も深刻になっています。

太平洋と大西洋には，プラスチックごみなどが多く集まる太平洋ごみベルトと大西洋ごみベルトが形成されています。また，海洋生物がプラスチック容器及び釣り糸や漁網などのプラスチック製品に絡まったり，プラスチックを食べたり，喉に詰まらせて死んでしまうことなどが以前から指摘されていました。

環境省の「平成27年度海洋ごみ調査の結果について」[100]によると，2015年度に，日本の沿岸に漂着して回収されたごみは，4.9万トンもあり，その大半がプラスチックとされています。

また，World Economic Forum が発表した報告書[101]では，海洋に投棄されているプラスチックの量は，少なくとも年間800万トンで，なんの対策もとらなければ，2030年には約2倍，2050年には約4倍に増え，海洋に漂うプラスチックごみの量は，2025年までに魚3トンにつき1トン，2050年には魚の量を上回ると警告しています。

最近では，洗顔料や化粧品又は研削材や多様な製品の原料に使用される小さな粒子の一次マイクロプラスチックだけでなく，大きなプラスチック製品が紫外線で分解したり，波などの機械的な力で細かくなった二次マイクロプラスチックも大きな問題になっています。

例えば，洗濯時に出る合成繊維くずも，粒径1mm未満のマイクロプラスチックになっているといわれています。世界のプラスチック消費量の増加に伴って，**マイクロプラスチック**が世界中の海に広く分布し，海洋汚染を起こしています。

このマイクロプラスチックは，幅広い生物種が取り込める大きさです。マイクロプラスチックを食べた海洋生物には，偽りの満腹感のために食物の摂取量が減る危険があるだけでなく，摂食器官又は消化管の閉塞や損傷，摂食後のプラスチックから出る添加剤等の化学物質の内臓への浸入，吸収・吸着された化学物質の各種臓器への取り込みと濃縮などによる影響もあるとされています。

また，プラスチック粒子がPCBなどのPOPsを吸収・吸着して運搬する可能性があることから，マイクロプラスチックがPOPsを生物に移行させる媒介をしている可能性が指摘されています。特に，大都市の港湾，及び農業排水や工業排水で汚染された水域では，マイクロプラスチックがPOPsなどの有害化学物質の貯留機能を果たしていると考えらています。

さらに，プラスチックごみに生物が付いて，生物の運び屋の働きをすることも実証され，外来種の拡散や生物多様性の減少を促しているとされています。

このため，生分解性プラスチックの開発も進められてきましたが，従来の生分解性プラスチックは，プラスチックを部分的に分解して目立たないマイクロプラスチックにするものが主で，根本的な解決にはなりませんでした。

しかし最近は，ポリ乳酸，ポリカプロラクトン，ポリヒドロキシアルカノエート，ポリグリコール酸，変性ポリビニルアルコール，カゼイン，変性でん粉など，微生物によって水と二酸化炭素まで分解できるものを生分解性プラスチックということになりました。

〔2〕 使用済みプラスチックのリサイクル　使用済みのプラスチック製品は，いろいろな分別方法で集められ，基本的には，加熱溶解して再びさまざまなプラスチック製品にするマテリアルリサイクル，化学的に分解して化学原料にするケミカルリサイクル，及び燃やしたときに発生する熱を利用するサーマルリサイクルの三つの方法でリサイクルされています。

　例えば，マテリアルリサイクルでは，作業着や文具，ベンチ，フェンスなどがつくられ，ケミカルリサイクルでは，ボトルやコークス，メタノール，油などがつくられ，サーマルリサイクルでは，固形燃料やセメント製造原料，温水プールや火力発電用の燃料などに使われています。

　これらのリサイクルを進めるためには，使用者が使用済みのプラスチック製品をリサイクル方法に合った分別をして出すことがとても重要です。

　なお，物を大切に使い，ごみを減らすリデュース，使える物は繰り返し使うリユース，ごみを資源として再び利用するリサイクルを 3R といいます。

　さらに最近は，この 3R に，不要なプラスチック製品などを受け取ったり，使ったりしないリフューズを加えた 4R が重要といわれています。

3.3.3　フロン類汚染による被害の例

〔1〕　フロン類によるオゾン層破壊　　冷凍・冷蔵庫やエアコンの冷却剤（冷媒といいます）として開発された当初の**フロン類**は，塩素，ふっ素，炭素からできている化合物（クロロフルオロカーボン類，略号：CFC）で，毒性や燃焼性が低く，寿命が長く，冷却能力が高いことから，従来のアンモニアに代わる優れた冷媒としてもてはやされていました。

　CFC には塩素とふっ素の数によって CFC-11，CFC-12，CFC-113，CFC-114，CFC-115 などがありますが，いずれも環境中で分解しにくいために，大気中に放出されると，対流圏の上の成層圏オゾン層にまで達して塩素がオゾン層のオゾンを分解し，オゾンが吸収している紫外線の地上に達する量を増やしてしまうことがわかりました。特に，南極や北極の上空では，オゾンが非常に少なくなったオゾンホールが観測され，オーストラリアやニュージーランド，南アフリカ等の地上での紫外線の増加も観測され，皮ふがんの増加等が懸念されました。

　このため，これらの CFC に代わって，上空に行くまでに大気中で大部分が分解する水素の付いた化合物（ハイドロクロロフルオロカーボン類，略号：HCFC）がつくられました。しかし，これも塩素が付いているため，オゾンを

少し分解します。これら CFC と HCFC を「特定フロン」といいます。

そこで，オゾン層を破壊する塩素が付いていない化合物（ハイドロフルオロカーボン類，略号：HFC，「代替フロン」といいます）が開発されました。

〔2〕　フロン類による地球温暖化　CFC，HCFC，HFC などは，二酸化炭素の一万数千倍 ～ 数十倍の地球温暖化効果があることが問題となりました。

また，CFC，HCFC，HFC のほかにも，ふっ素と炭素の化合物（パーフルオロカーボン類，略号：PFC）やふっ素と硫黄の化合物である六ふっ化硫黄 SF_6，ふっ素と窒素の化合物である三ふっ化窒素 NF_3 なども地球温暖化に影響します。

CFC は，いずれもオゾン層破壊能力と地球温暖化能力が高いものです。水素が付いた HCFC には，HCFC-123，HCFC-22 などがあり，オゾン層破壊能力はかなり小さいのですが，地球温暖化能力がやや高いものです。HFC には，HFC-134a，HFC-152a，HFC-32，HFC-143a，HFC-125 などがあり，オゾン層破壊能力はまったくないのですが，地球温暖化能力があるものです。

PFC には，PFC-14，PFC-116，PFC-218 などがあり，半導体製造などに使われ，地球温暖化能力が非常に高いものです[102]。SF_6 は電気絶縁体などに使われ，地球温暖化能力が非常に高いものです。

これらのことから，先進国では，フロン類や代替フロン類が使われていた冷蔵庫や自動販売機等の冷媒，及びこれらの機器や建物の断熱材に使われていたウレタン等の発泡剤や金属部品の洗浄剤等に代わって，炭素と水素でできている化合物（炭化水素類といいます），又はエーテルやアルコールなどの炭素と水素と酸素でできている化合物，あるいは水や空気を使うようになりました[103]。

しかし，世界中に広まった CFC や HCFC が入っている機器や建物が使われ続け，CFC や HCFC の排出も続いています。また，多くの発展途上国では，CFC や HCFC の使用が認められ続けていることも問題となっています。

3.3.4 地球温暖化ガス汚染による被害の例

〔1〕 世界の平均気温の上昇とその影響

（1）　世界の平均気温上昇の予測　　過去の地球の平均気温については，いくつかの推計がありますが，どの推計でも 1915 年ごろからは，高くなり続けています。例えば，気象庁の「世界の年平均気温」[104] によると，1981 年 ～ 2015 年までの気温と 1981 年 ～ 2010 年の世界の**平均気温**との差は，**図 3.3** のようになっているとされています。

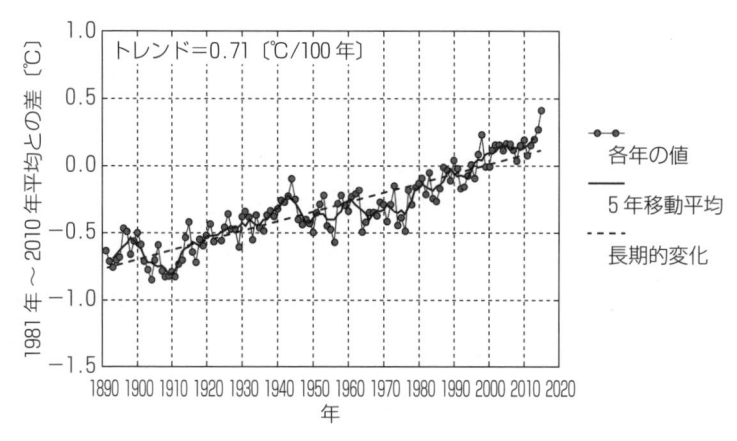

図 3.3　世界の年平均気温の 1981 年 ～ 2010 年の平均気温との差[104]

　1911 年ごろまでは，1981 年 ～ 2010 年の平均気温に比べて 0.7 度程度低いのですが，1912 年ごろから気温が上昇し続けていることがわかります。

　特に，北極地域の過去 100 年間の平均気温は，世界の平均気温上昇率の約 2 倍の速さで上昇し，北極の年平均海氷面積は 10 年当たりで 2.1％ ～ 3.3％，平均 2.7％減少していること，及び陸域における最低気温と最高気温が上昇し，1 日の気温の差も縮小していることが明らかになっています。

　今後の気温については，いくつかのモデルによる推計がありますが，2100 年には現在より約 2.2℃ ～ 約 4.8℃ 高くなると推計されています。

　さらに，気温の上昇が，水田，土壌，海洋等からの二酸化炭素やメタン等の放出を促進し，温暖化を一層加速する可能性があることが指摘されています。

地球温暖化の原因については，さまざまな意見がありますが，世界中の科学者が集まって議論している，気候変動に関する政府間パネル（略号：IPPC）の 2014 年の第 5 次評価報告書[105]によると，人為的な温室効果ガスが地球温暖化の原因である確率は 95 ％以上とされています。

（2）　影　　　響　　　地球温暖化の影響は，平均気温上昇の直接影響，気象現象への影響，海への影響，生態系への影響等が相互に絡み合って進行すると考えられています。

例えば，飲み水の不足地域を生み，地域紛争を増加させるだけでなく，難民の増加をもたらし，大きな社会問題を引き起こすと予測されています。さらに，マラリア等の熱帯・亜熱帯域の感染症の拡大，雪解け水に依存する水資源の枯渇，永久凍土の融解による建造物の破壊，農業の不作や漁業の不漁，食糧価格の変動による供給不足等をもたらすと予測されています。

また，気象現象については，偏西風の蛇行による異常気象の増加，竜巻の発生域の拡大，高温や熱波の増加，大雨頻度の増加，干ばつ地域の増加，勢力の強い熱帯低気圧の増加，高潮の増加，大気中の水蒸気量の増加による平均降水量の増加，平均降水量の変動幅の増大，砂漠の増加，熱帯雨林の乾燥化や崩壊，食料生産の不安定化などをもたらすと予測されています。

海への影響については，海水温の変動幅拡大に伴う異常水温現象の増加，太平洋熱帯域でのエルニーニョ現象（海水温の高い状況が 1 年間程度続く現象）の増加，海流の大規模な変化，深層循環の停止等に伴う気候の大幅な変化をもたらすと予測されています。

海水面の上昇については，氷床・氷河の融解と海水の膨張によって起きるとされ，日本沿岸でも年間 3.3 mm の上昇が観測されています。この海水面の上昇は，浸水被害の増加，低い土地の水没，特にオセアニアの島国であるツバル等の水没，歴史的建造物の水没，汽水域を必要とするノリ，カキ，アサリ等の沿岸漁業への深刻な被害，防潮扉や堤防，排水ポンプ等の対策設備のための出費の増加，地下水位の上昇に伴う地下構造物の破壊の危険性と対策費用の増加，地下水への塩分混入に伴う工業用水や農業用水及び生活用水への悪影響等

をもたらすと予測されています。

　生態系への影響については，二酸化炭素の増加による生物の光合成の活発化，生物の生息域の変化，数％もの生物種の絶滅，サンゴの白化や北半球での北上と南半球での南下，ホッキョクグマ，アザラシ等の寒冷地に生息する動物の減少等をもたらすと予測されています。

　日本への影響については，国立環境研究所の地球環境センター[106]が，豪雨の増加，農業用水の不足，水源や生態系に重要なブナ林の分布域の大幅な減少等，干潟や砂浜の消滅，地下水位の上昇，農業や漁業の被害増大，病気や害虫の増加などを予測しています。例えば，米の収穫量の減少，暖水性のサバやサンマは増えるものの，アワビやサザエ，ベニザケの漁獲量は減少することなどの農業被害や漁業被害を予測しています。また，九州地域等では，デング熱の流行危険性が増し，北海道や東北地方等では，ゴキブリ等の害虫が増えることなどを予測しています。

　〔2〕　**温室効果ガス**　　地球温暖化の原因となる化学物質を**温室効果ガス**といいます。気象庁の「温室効果ガスの種類」[107]によると，**図3.4**に示すように，温室効果ガスは，二酸化炭素，メタン，一酸化二窒素，フロン類等とされています。また，これらのうちで，石炭や石油等の化石燃料の燃焼によって発

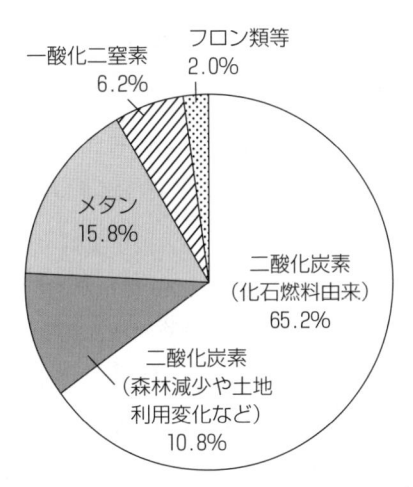

図3.4　地球温暖化への各ガスの寄与割合[107]

生する二酸化炭素の地球温暖化への寄与割合が大きいことが示されています。

気象庁の「温室効果ガス」[108]によると，地球大気中の二酸化炭素，メタン，一酸化二窒素の濃度変化は，**図3.5** のようになっています。

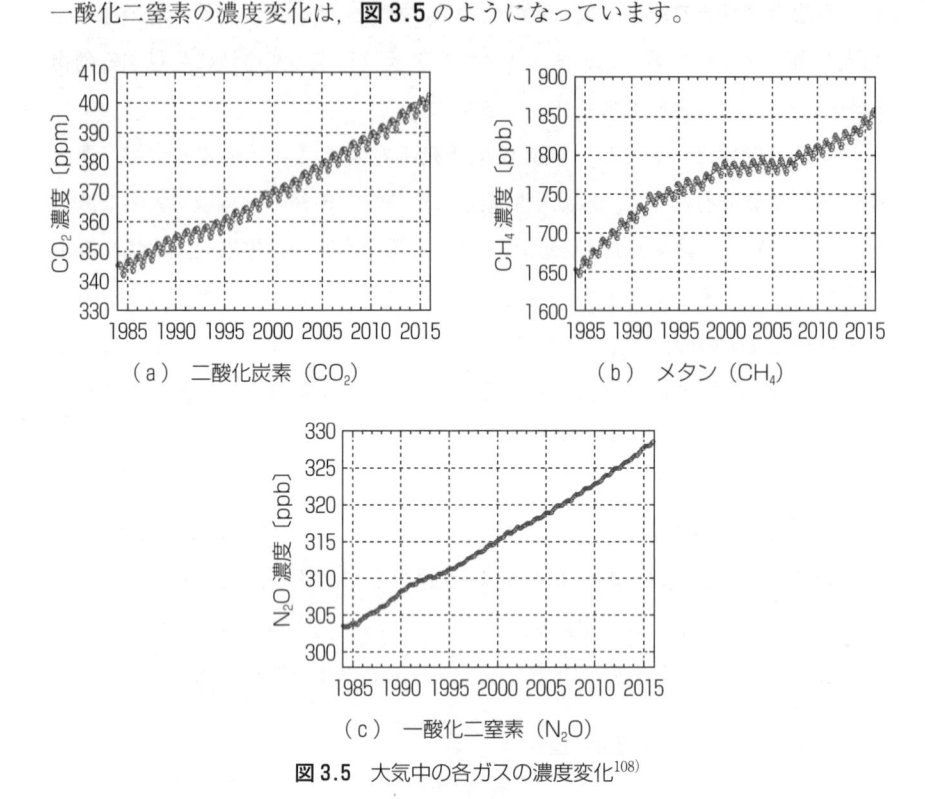

（a） 二酸化炭素（CO_2） （b） メタン（CH_4）

（c） 一酸化二窒素（N_2O）

図3.5 大気中の各ガスの濃度変化[108]

ここで，ppm は百万分の一，例えば，$1\,m^3$ に $1\,mL$ 含まれていることで，ppb は ppm の千分の1，十兆分の1のことで，例えば $1\,000\,m^3$ に $1\,mL$ 含まれていることです。

二酸化炭素は，ここ 30 年間で約 345 ppm から約 400 ppm に，約 16 ％ も増えています。これは，1 年当たり約 0.5 ％ 強の増加速度になり，地球の歴史のなかでも例を見ない増加速度です。また，**メタン**は，30 年間で約 1 650 ppb から約 1 850 ppb に，約 12 ％ 増加しています。**一酸化二窒素**は，30 年間で約 304 ppb から約 328 ppb に，約 7.9 ％ 増加し，いずれも特別な増加速度になってい

ます。

〔3〕 温室効果ガスの発生源　　経済産業省の「地球温暖化問題につい
て」[109]によると，人為起源の温室効果ガスの排出量が 1970 年から増え続け，
2000 年 ～ 2010 年の排出量増加率は，1 年当たり平均 2.2％で，発展途上国の
影響が大きいとされています。

また，2010 年時点の温室効果ガス排出量の国別割合は，**図 3.6** のようになっ
ています。ここで，附属書 I 国とは，気候変動枠組条約（略号：FCCC）で温
室効果ガスの削減や報告の義務を負っている国で，OECD 加盟諸国に旧ソ連と
東欧諸国を加えた国です。

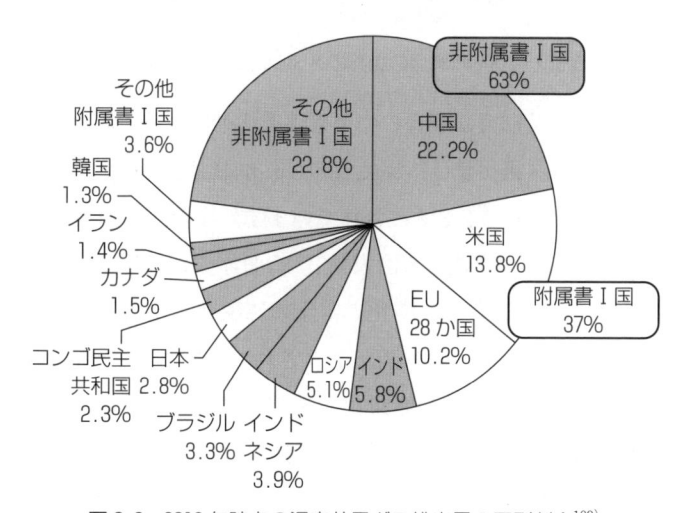

図 3.6　2010 年時点の温室効果ガス排出量の国別割合[109]

メタンは，二酸化炭素の約 25 倍の温室効果があるとされています。奈良女
子大学の大気研究グループ[110]が紹介している国連気候変動に関する政府間パ
ネル（略号：IPPC）のデータによると，2001 年時点の世界のメタンガス発生
源の割合は，**図 3.7** のようになっています。すなわち，湿地からの排出割合が
21％，牛を主とするはんすう動物のゲップが 15％，水田が 12％，バイオマス
燃焼と天然ガスがそれぞれ 8％などとなっています。

一酸化二窒素は，二酸化炭素の約 298 倍の温室効果があるとされ，海洋や土

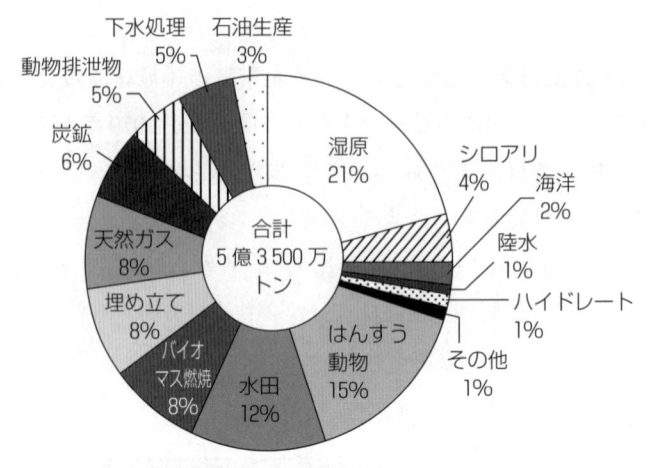

図 3.7 2001 年時点の世界のメタンガス発生源割合[110]

壌からの自然放出，及び窒素肥料の使用や工業活動によって放出されます。

　日本の温室効果ガス排出量は，環境省の「日本の温室効果ガス排出量の算定結果」[111]によると，世界の 2.8％とされています。また，全国地球温暖化防止活動推進センターの「すぐ使える図表集」[112]の日本における温室効果ガス排出量の推移によると，メタンと一酸化二窒素の二酸化炭素換算排出量は，2014年度時点で，3 550 万トンと 2 080 万トンとされています。

　さらに，2014 年度の二酸化炭素排出量を部門別割合でみると，**図 3.8** のようになっています。ここで，エネルギー転換とは，おもに発電所のことであり，電力由来とは，電気の消費に伴う間接的な排出量のことです。産業部門が約 34％，コンビニ等の商店や事務所等の業務・その他部門が 21％，自動車や鉄道等の運輸部門が 17％，家庭部門が 15％になっています。なお，これらは全体的には減少傾向にありますが，業務・その他部門は増加傾向で問題になっています。

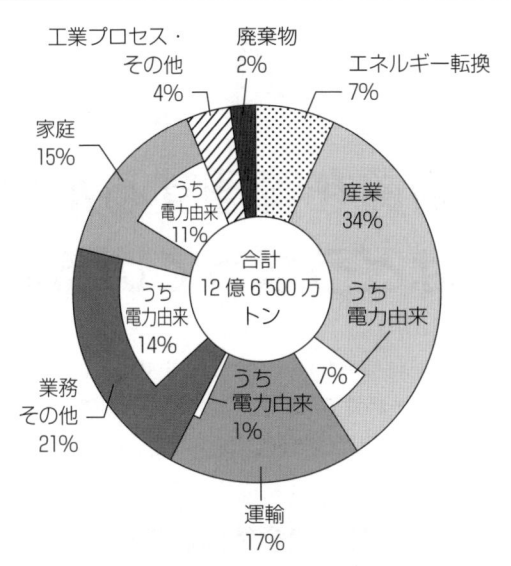

図 3.8　2014 年度時点の日本での分門別
二酸化炭素排出割合[109]

🖥 コラム 16：人為的な地球温暖化は起こらないという説

　地球の温度は，何回も上がったり下がったりしています。20 世紀にも約 40 年ごとに温暖化と寒冷化が繰り返され，1946 年 〜 1975 年に二酸化炭素の排出量が増えたのに気温は上っていないので，地球温暖化は起こらないという指摘があります。アメリカのトランプ大統領も地球温暖化は偽情報だといっています。

　しかし，これらの指摘に対しても多くの反論や批判が出されています。

　自然現象は複雑で不明確なことが多いので，完全な予測はできません。このため，不完全な部分を攻撃する人もいますが，危険側の予想によって対策をとっておくことが人類の英知といえるでしょう。

4

化学物質を管理するための
法律はどうなっているのか

化学物質を規制する法律等がいくつもあります。この章では，「覚せい剤
取締法」と「麻薬及び向精神薬取締法」については省略し，それ以外の化学
物質管理に関する法律について概要を紹介します。

4.1　化学物質管理の法律全体はどうなっているのか

化学物質管理のための法律は，**図 4.1** のように，以下の七つに大別されま
す。

① 特定の有害性がある化学物質の管理のための法律

② 農業用の化学物質の管理のための法律

③ 工業用や医療用の化学物質の管理のための法律

④ 職場や家庭等での化学物質の管理のための法律

⑤ 化学物質による環境汚染の管理のための法律

⑥ リサイクル品の管理のための法律

⑦ 被害者の救済等のための法律

また，管轄省庁別に分けると，おもに農林水産省が農畜産物の安全性を管理
するために定めた法律，おもに厚生労働省が製造時の労働者への悪影響がない
ようにするために定めた法律及び医薬品と家庭用品や食品が利用者に悪影響が
ないようにするために定めた法律，おもに経済産業省が工業製品を製造する労
働者や使用者への悪影響や再生品の品質を管理するために定めた法律，環境省
が環境汚染による影響がないように定めた法律と被害者救済等のための法律，

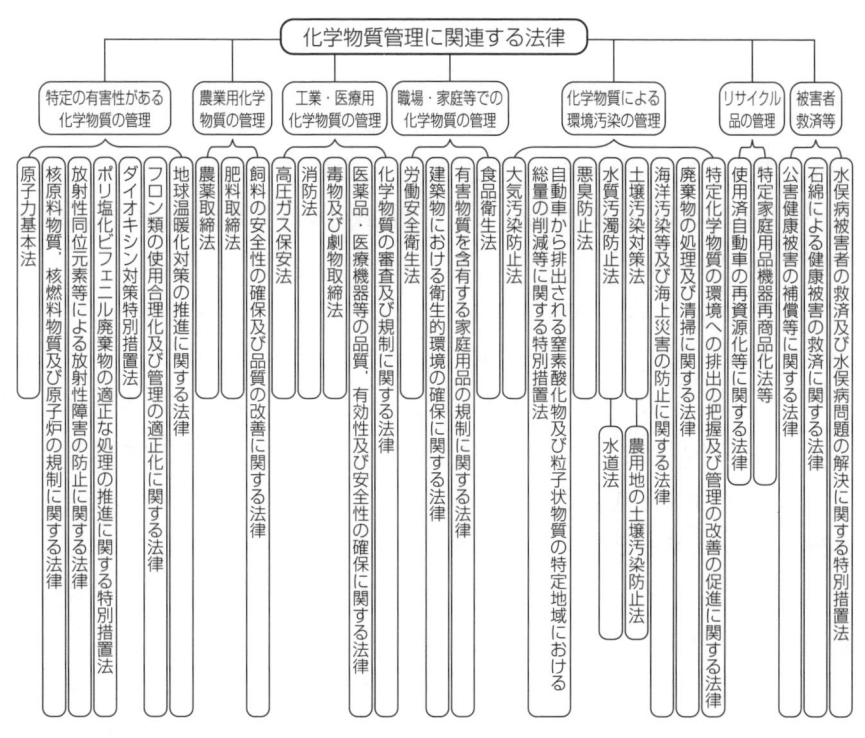

図 4.1　現在の化学物質管理の法律

総務省が火災・爆発の防止のために定めた法律，国土交通省が建築物の衛生的環境を確保するために定めた法律などがあります。

　このように，化学物質管理の法律が多くの省の管轄範囲と目的ごとに定められているため，NGO から，「国民に理解がされにくく，重複部分や不足部分がある」と指摘され，これらの法律を統括する化学物質基本法（仮）を制定して重複部分を再整理し，不足部分を補うことが提案されています[113]。

4.2　特定の有害性がある化学物質の管理はどうなっているのか

4.2.1　放射性物質の管理はどうなっているのか

〔1〕　**関 係 法 令**　　**放射線**とは，原子力基本法[114]を基に定められた α（ア

ルファ）線，β（ベータ）線，γ（ガンマ）線，中性子線，陽子線その他の重荷電粒子線，軌道電子捕獲による特性 X（エックス）線，及び 1 MV 以上のエネルギーを有する電子線と X 線とされています。これらの放射線は，放射性同位元素等による放射線障害の防止に関する法律[115]で規制されていますが，原子力基本法や厚生労働省が定めている電離放射線障害防止規則（略称：電離則）[116]等も関係があります。

　原子力基本法[114]は，1955 年に成立した法律で，日本学術会議が主張した「公開，民主，自主」の 3 原則が盛り込まれています。1978 年に改正され，原子力安全委員会が創設されました。また，2011 年 3 月の福島第一原発事故を受けて，「原子力利用の安全の確保については，確立された国際的な基準を踏まえ，国民の生命，健康及び財産の保護，環境の保全並びに我が国の安全保障に資することを目的として，行うものとする」という文が追加され，同時に原子力規制委員会設置法が成立し，原子力安全委員会に代わって，原子力規制委員会と原子力防災会議が設置されました。

　最近は，この原子力規制委員会が，原子力発電所の安全性の評価や対策，設置基準等についてのさまざまな方針を提示しています。ただし，原子力発電所の運転再開や運転継続，及び新設や増設については，立地自治体や周辺自治体，及び周辺住民や一般国民の理解が不可欠になっています。

　なお，2012 年 6 月に衆議院，2013 年 3 月に参議院で，原子力基本法の廃止と脱原発基本法案が議員立法で提案されましたが，成立していません。

　放射性同位元素等による放射線障害の防止に関する法律[115]は，1952 年に，放射線障害を防止し，公共の安全を確保することを目的として制定された法律で，2013 年に，東日本大震災によって放射性物質で汚染された土壌等を除染するための附則が定められるなど，何回かの改正が行われた法律で，具体的には以下のことが定められています。

　① 放射性同位元素の販売と賃貸を届出ること

　② 使用と廃棄は，扱う放射性同位元素の量によって届出又は許可を得ること

③ 使用，貯蔵，廃棄に関する施設の位置，構造及び設備が所定の技術基準に適合し，定期点検と補修によって維持されていること

④ 使用基準と事業所毎に定めた放射線障害予防規程が遵守され，管理区域と事業所境界での線量が定期的に確認されていること

⑤ 作業従事者等の管理区域に常時立入りする者に対して，定期的に被曝線量測定と健康診断を実施して記録を永久保管し，1年を超えない間隔で教育訓練を実施すること

⑥ 放射性同位元素の譲渡譲受や貸付・借受は，使用と廃棄が許可又は届出済みの相手との間に限られ，使用，保管，廃棄とともに記帳されていること

⑦ 放射性同位元素の運搬は，所定の技術的基準に拠って行うこと

⑧ 放射線取扱主任者（病院の場合は医師が担当可）を選任し，管理と監督をさせること

また，この法律での**放射性物質**とは，放射性同位元素を含む物質のうちで，平成12（2000）年科学技術庁告示第五号[117]に定める量及び濃度を超えるもので，核原料物質，核燃料物質及び原子炉の規制に関する法律[118]，医薬品，医療機器等の品質，有効性及び安全性の確保等に関する法律[33]，及び医療法[119]で規制されるウラン等の核燃料とその原料や医薬品，医療機器に装備されたものを除くとされています。

🕯 コラム 17：高速増殖炉とはどんなものか

　高速増殖炉とは，ウランあるいはウランとプルトニウムを燃料として発電し，使用したプルトニウム量以上のプルトニウムを生みだす原子炉のことで，夢の施設といわれました。一方，さまざまな危険があり，技術的に困難な点が多く，設備のトラブルも多く，またきわめて高額を要するため，多くの国で開発を中止しました。しかし，フランスと日本，ロシア，中国，インドでは開発が続けられています。地震などの災害が多い日本が，高速増殖炉を今後どうするのかが問われています。

なお，放射線発生装置とは，サイクロトロン，シンクロトロン等の荷電粒子を加速することによって，放射線を発生させる装置のうちの指定されたもので，表面から 10 cm 離れた位置での最大線量当量率が，原子力規制委員会で定められた値以下でないものとされています[120]。

また，原子力規制委員会は，(独)理化学研究所，(独)放射線医学総合研究所，(独)日本原子力研究開発機構，及び大学共同利用機構法人高エネルギー加速器研究機構の大型の放射線発生装置についても情報提供をしています。

一方，厚生労働省が定めている電離放射線障害防止規則[116]は，1972 年に定められた規則です。この規則では

① 管理区域の設定と線量の限度及び測定

② 外部放射線の防護

③ 汚染の防止

④ 特別な作業の管理

⑤ 緊急措置

⑥ エックス線作業主任者やガンマ線透過写真撮影作業主任者の選任

⑦ 特別な教育

⑧ 作業環境測定

⑨ 健康診断

⑩ 指定緊急作業従事者等に係る記録等の提出

⑪ その他の電離放射線防止のための措置等

が定められています。

〔2〕 **放射性廃棄物**　　**放射性廃棄物**は，放射線の強さによって，低レベル放射性廃棄物と高レベル放射性廃棄物とに分けられています。低レベル放射性廃棄物は，濃縮して体積を減らしてからセメントやアスファルトと混ぜて固化し，ドラム缶に詰めて，一時貯蔵後に青森県六ヶ所村に埋められたり，保管されています。また，高レベル放射性廃棄物は，濃縮してからガラスを混ぜてステンレス容器内で固化し，30 年 〜 50 年間貯蔵庫に冷却保管し，最終的には地下深く埋めて数万年間管理することになっています。

💽 コラム 18：化学物質の毒性評価方法はどうなっているのか

　放射性物質を含む化学物質の評価は，つぎのように行われています。

① 放射性物質の影響評価については，人が受けた空間線量率，すなわち，1時間当たりの受けた放射線の量 Sv（シーベルト），すなわち Sv/h が太陽光などの自然放射線を受ける量の 2 倍程度以下となるようにする。

　　ただし，放射線量率が変動する場合には，空間線量率を積算することにより，受けた合計放射線の量を Sv で評価する場合もある。

② 放射性物質以外の化学物質については，過去に人間に被害が出た明確な実例がある場合には，この実例を解析し，実質的に安全な 1 日，体重 1kg 当たりの摂取量 ADI（**1 日許容摂取量**：mg/kg/day）とする。

③ 人間への明確な被害実例がない場合の発がん性物質については，実験動物（マウス，ラット，サルなど）に，明確に発がんするレベルの一定量の対象物を飲料水，食事又は吸入ガスで一生涯投与した後，解剖して発がんを調べ，投与量と発がん確率との関係を求め，発がん確率が 10 万分の 1 以下になる摂取量を求める。

　　この場合，動物実験の高摂取量での発がん確率から，低摂取量での発がん確率を，摂取量と発がん確率が比例するというモデルなどで推算し，さらに，発がん試験の妥当さの程度による不確実係数 1 ～ 10，実験動物と人間との種の違いを考えた安全係数 3 ～ 10 及び個体差を考えた安全係数 10 で計算摂取量を割った量を 1 日許容摂取量 ADI とする。

　　ただし，一定摂取量以下であれば発がんしない量（閾値といいます）があると考えられる場合は，一般毒性と同様に推算する。

④ 人間への明確な被害実例がない場合の一般毒性物質については，実験動物に，ある期間投与して各種の症状を観察した後，解剖して異常の有無を調べ，明らかな異常が認められない 1 日，体重 1kg 当たりの最大の摂取量（最大無影響量 NOAEL），又は明らかな異常が少しでも認められた最小の摂取量（最小影響量 LOAEL）を求め，さらに，動物試験の妥当さの程度による不確実係数 1 ～ 10，実験動物と人との種の違いを考えた安全係数 3 ～ 10 及び個体差を考えた安全係数 10，LOAEL の場合は NOAEL にするための比 10 で割った量を ADI とする。

　2015 年 3 月末現在，各地の原子力発電所に貯蔵されているドラム缶の本数は，全国で約 68 万本，貯蔵設備の数は約 93 万本分となっています[121]。これだけの数のドラム缶等を長期間安全に管理し続けるのは困難と考えられるため，原子力発電所はトイレのないマンションといわれています。

4.2.2　アスベストの管理はどうなっているのか

　アスベスト（石綿）は天然の鉱物繊維で，おもにクリソタイル（白石綿），クロシドライト（青石綿），アモサイト（茶石綿）の 3 種類があり，耐熱性，耐薬品性，絶縁性等に優れ，安価であったことから，建設資材，電気製品，自動車，家庭用品等に広く使われていました。この石綿については，1972 年に，国際労働機関（略号：ILO）と世界保健機関（略号：WHO）の専門家会合が発がん性物質であるとし，1975 年に，日本でも吹き付けアスベストの使用が禁止されました。1986 年に，ILO が石綿条約を採択し，1989 年に，WHO が使用禁止を勧告し，EU やイギリス，ドイツ，フランスが段階的な使用禁止を決め，アメリカでも一部禁止となりました。

　日本では，1987 年に，業界の自主規制で青石綿のみの輸入と使用が中止され，1994 年に，業界の自主規制として，茶石綿の輸入中止が決められました。1995 年には，労働安全衛生法施行令によって，青石綿と茶石綿の製造，輸入，

☕コラム 19：アスベストを含む石綿セメントが大量にある

　板状になる粘板岩のことをスレートといい，屋根材や壁材，天井材などに使われていますが，このスレートの代替物としてアスベストとセメントでできた石綿セメントも使われました。けい酸カルシウム板などにもアスベストが含まれていました。これらの石綿含有建材中の石綿量はおよそ 543 万トンと推算されています[122]。これらは，そのままではアスベストは飛散しにくいので，特別な扱いがされていませんが，砕いたりすると周辺にアスベストが飛散することがありますので，1970 年 ～ 2001 年ごろに建てた家を解体する際には注意が必要です。

使用が原則禁止とされましたが，白石綿は使用が続けられました。2004年には，白石綿についても，1％以上含む製品の出荷が原則禁止され，2005年には，労働者の健康障害防止対策の充実を図るために労働安全衛生法と石綿障害予防規則[123]が施行され，0.1％以上含む製品が禁止にされました。さらに，2006年になって，石綿による健康被害の救済に関する法律[124]等が成立しました。

一方，1989年に，大気汚染防止法が改定され[125]，石綿の製造施設の届出と敷地境界での測定が義務付けられ，1996年の大気汚染防止法の改定で，解体・補修作業の作業基準が定められ，事前届出等が義務付けられました。

また，1991年には，廃棄物の処理及び清掃に関する法律[63),64),126]によって，廃石綿が特別管理産業廃棄物に指定され，溶融処理等が規定され，海洋投棄も禁止されましたが，代替品が確立していない特定分野の部材については，代替技術が確立されるまで製造の禁止が猶予されていました。

2012年3月になって，ようやく製造と新たな使用が完全に禁止となりましたが，石綿含有建築物の保有者から解体業者への受渡し，及び解体業者から廃棄物処理業者への受渡しについては，上記の禁止規定が適用されません。また，建材等として使用されている石綿については，引き続き使用されている間は禁止の規定は適用されません。

また，建物解体時の措置はあまり守られていないという指摘もあります。

なお，石綿障害予防規則[123]によって，建築物の壁等に吹き付けられた石綿の損傷等によって粉じんを発散させる場合には，除去等の措置が義務付けられ，建築基準法によって増改築時における除去等が義務付けられています[127]。

4.2.3 PCBの管理はどうなっているのか

〔1〕 **PCBの製造・使用規制** ポリ塩化ビフェニル（略号：PCB）は，化学的に安定であり，絶縁性が高く，沸点が高いなどの性質を持つことから，コンデンサ（蓄電器），トランス（変圧器），安定器等の絶縁油，産業用の熱媒体や潤滑油，及び感圧複写紙等に広く使用されました。しかし，環境中に長期間残留し，人や野生生物に蓄積して有害性を示すことが確認されたため，世界

的に新たな製造や使用が禁止されました[128]。

　日本では，1959年〜1972年に約54 000トンのPCBが使用されましたが，1968年に，食用油に混入して大きな被害を出したカネミ油症事件が起きました。これをふまえて，1974年に，化学物質の審査及び製造等の規制に関する法律が制定され[1),2)]，PCBの新たな製造と使用が原則禁止され，電気事業法[129]も改正されてPCB電気工作物を新規に施設することが禁止されました。

　これらによって，PCBを含む廃棄物については具体的な対策が決定されるまでは保管することが義務付けられましたが，使用中のPCB含有電気機器等は，耐用年数までは使用が認められたことから，PCB含有機器の所在や廃棄物となった量が不明確になり，ほかの産業廃棄物と混合して，安易に処理・処分される例や行方不明になる例が続出しました。

〔2〕 PCB廃棄物対策

（1） 関連法令の制定と調査　2000年代に入って，ようやく実験的なPCBの無害化処理が行われ，2001年の残留性有機汚染物質に関するストックホルム条約（略称：POPs条約）の調印を受けて，ポリ塩化ビフェニル廃棄物の適正な処理の推進に関する特別措置法（略称：**PCB処理特別措置法**）[130]が制定されました。これによって，日本環境安全事業(株)(現在の中間貯蔵・環境安全事業(株)，略称：JESCO）で，2016年までにPCBの処理を完了することとされました[131]。

　また，2001年には，電気事業法に基づく電気関係報告規則も改正され[132]，電気関係報告規則及び電気設備に関する技術基準を定める省令の一部改正によって，電気事業者等に対して，PCB含有電気機器の使用及び廃止の状況を経済産業局へ届け出ることが義務付けられ，翌年には，微量でもPCBの含有が判明した場合には，届け出ることが求められることになりました。

　ただし，蛍光灯や水銀灯のPCB入り安定器が学校や公共施設などのさまざまな施設で使用されていたにもかかわらず，届出割合は3分の1程度と推計されています。

　また，2002年には，1 kg当たり0.5 mg以上の微量のPCBを含む絶縁油を

使用した電気機器が，およそ 160 万台も存在すると推算されました。しかし，この約 160 万台のなかには，所在が不明な機器やすでに処分されてしまった機器や輸出されてしまった機器も少なくないと推定されます[133]。

　また，蛍光灯の PCB 入り安定器も処理費用が非常に高額なため[134]，かなりの量が廃棄されてしまっていると考えられます。

　2016 年になって，PCB 処理特別措置法施行規則が改正され[135]，「ポリ塩化ビフェニル，ポリ塩化ビフェニルを含む油又はポリ塩化ビフェニルが塗布され，染み込み，付着し，若しくは封入された物が廃棄物となったもの及びこれらを処分するために処理したもの」が PCB 廃棄物と定義され，これらの無害化処理の期限が 2027 年 3 月末までとされました。

　一方，高濃度の PCB が入っている電気機器で，所在が不明であったものが少なからず見つかった例が報告され，全国的な再調査が行われています[136]。

　（2）　微量 PCB 汚染電気機器　　微量 **PCB** 汚染電気機器の絶縁油中 PCB 濃度は，著者らの推計[137]では，約 95.6％が油 1 kg 当たり 50 mg 以下であり，

☛ コラム 20：インターネット情報には注意が必要

　江戸幕府時代には，幕府（お上）の御触書を守らないと処罰され，場合によっては打首，獄門にされました。明治になってさまざまな法令ができてからも，庶民には法令を守ることを強く求められました。すなわち，日本は法令をしっかり守ることを求める法治国家になり，日本人は法令で決まったことをしっかり守るようになりました。

　しかし，法令では決められていないことは守られないこともあります。また，社会が急速に変化するのに法令が追いつかないことが出てきます。このような場合にどうするかは，法令ではなく，社会倫理に頼ることになります。この社会倫理はマスコミ報道や周辺のうわさによって大きな影響を受けますが，最近はインターネット情報の影響も大きくなりました。しかし，このうわさやインターネット情報には誤りや故意のウソが混ざっています。これらの誤りやウソを鵜呑みにすると，社会倫理が崩れ，犯罪などが多い不安定な社会になりますので十分に注意することが必要です。

約160万台の電気機器のPCB総量は，約8トンで，日本でのPCB使用量約54 000トンの0.015％にしかならないと推計されています。

このようなことを配慮して，多くの国では1 kg当たり50 mg以下のPCBを含む絶縁油の入った電気機器は規制対象外としています[128]。しかし，日本では，明確な理由が示されないまま，100倍も厳しい1 kg当たり0.5 mg以上のPCBを含む絶縁油が入っている約160万台の電気機器を微量PCB汚染電気機器とみなし，処理することが義務付けられています。

また，1 kg当たり0.5 mg～5 000 mgのPCBを含む廃棄物が「低濃度PCB廃棄物」とされ，その処理は，環境大臣の認定施設と地方自治体の許可施設で処理されています。これによって微量のPCBを含んだ絶縁油等の焼却処理は進んできました。しかし，絶縁油を抜いた後の電気機器の容器等の処理は，収集運搬や処理の費用が著しく高く，あまり進んでいません。例えば，この容器等の処理には，総額2兆円以上の経費が必要になると推算されています。

これに対して，著者らはPCB汚染絶縁油等が850℃以下の温度での焼却処理で完全に分解でき，安価な処理が可能であることを示しています[98],[137]。また，経済団体連合会は，既存のリサイクルシステムを活用した効率的な新しい処理システムを認めるように，規制改革会議に要望を出し[138]，実証試験を行うなどして検討を進めています。

早期にPCBを身のまわりからなくすためには，リスクの程度に応じた処理システムを適用することが不可欠と考えられています。

4.2.4　ダイオキシン類の管理はどうなっているのか

小規模廃棄物焼却施設が集中する地域でのダイオキシン類汚染がテレビ報道されたのをきっかけに，1999年に「人の生命及び健康に重大な影響を与えるおそれがある物質であるダイオキシン類による環境の汚染の防止及びその除去等をするため，ダイオキシン類に関する施策の基本とすべき基準を定めるとともに，必要な規制，汚染土壌に係る措置等を定めることにより，国民の健康の保護を図ることを目的」として，**ダイオキシン類対策特別措置法**[139]が成立し，

著者も協力して何回か改正されています。

　この法律では，一生涯，継続的に摂取したとしても健康に影響を及ぼすおそれがない1日当たりの摂取量を，最も毒性が強い 2,3,7,8-四塩化ジベンゾ-パラ-ジオキシンの量に換算した量（毒性等量，略号：TEQ）として，人の体重1 kg 当たり 4 pg（1兆分の 4 g）以下としました。なお，食品からの摂取量は1日，体重1 kg 当たり 1.7 pg とみなされています。

　この値を基に，呼吸量と水や食べもの及び土壌の摂取量から，年平均のTEQ として，大気環境基準を 1 m³ 当たり 0.6 pg 以下，水質環境基準を 1 L 当たり 1 pg 以下，水底の底質の環境基準を 1 g 当たり 150 pg 以下，土壌の環境基準を 1 g 当たり 1 000 pg 以下と定めています[140]。

　また，排ガスの排出基準[140]については，0℃，1気圧換算での 1 m³ 当たりのng（10億分の 1 g）-TEQ で，**表4.1** のように定められています。

表4.1　ダイオキシン類の排ガス排出基準〔ng-TEQ/m³N〕

	処理量	既設	新設
廃棄物処理施設	4トン以上/時間	1	0.1
	4トン未満2トン以上/時間	5	1
	2トン未満/時間	10	5
製鋼用電気炉		5	0.5
焼結炉		1	0.1
亜鉛回収施設		10	1
アルミニウム合金製造施設		5	1

　このため，排ガス規制の強化に対応できない小型焼却炉を持つ業者が廃業に追い込まれ，学校などの小型焼却炉もなくなりました。

　排水の排出基準[140]は，パルプ製造用の塩素系漂白施設，廃 PCB 等又は PCB 処理物の分解施設と PCB 汚染物又は PCB 処理物の洗浄施設，アルミニウムとその合金製造用の溶解炉，乾燥炉又は焙焼炉に係る廃ガス洗浄施設，湿式集じん施設，塩化ビニルモノマー製造施設のうちの二塩化エチレン洗浄施設，大気基準適用廃棄物焼却炉の廃ガス洗浄施設，湿式集じん施設と灰の貯留施設で汚水又は廃液を排出するもの，及び上記の事業場の排水処理施設と下水道終末処

理施設について，1 L 当たり 10 pg－TEQ と定められました。このような排水規制の強化によって，塩素による漂白や酸化処理を止めた工場もあります。

　また，ダイオキシン類を排出する施設は，排出基準を守り，毎年 1 回以上測定して知事に報告し，知事はこの測定結果を公表するとともに，ダイオキシン類汚染対策地域を指定して公表することになっています。

　なお，有機化合物の製造途中で有機化合物の塩素化を必要とすることが少なくありません。このため，有機化合物の製造工場の排水には，ダイオキシン類が含まれている可能性があります。

　本来の排水の規制は，たくさんある「特定施設」ごとの排水について適用されますが，実際にはダイオキシン類などの規制対象物を含まない排水で希釈された後の総合排水の放流水で測定され，規制濃度以下にされています。

　環境中での残留性と生物への蓄積性がある汚染物質は，総合排水の放流濃度でなく，濃度と排水量とを掛け合わせて求められる排出の絶対量で規制することも考える必要があります。

4.2.5　フロン類の管理はどうなっているのか

　オゾン層を破壊する塩素の付いた 5 種類のクロロフルオロカーボン（略号：CFC）は，1985 年にオゾン層保護のために決められたウィーン条約とモントリオール議定書によって，新たな製造や輸入，及び使用を禁止する方針が決まりました。

　日本でも 1988 年に，オゾン層保護法が制定され，CFC の新たな製造と輸入の削減，及び 1996 年までの全廃が決められました。また，1998 年に，エアコン，テレビ，冷蔵庫・冷凍庫，洗濯機・衣類乾燥機から，オゾン層を破壊する塩素が付いている CFC とハイドロクロロフルオロカーボン（略号：HCFC）等の「特定フロン」や有用な材料をリサイクルするための特定家庭用機器再商品化法（略称：家電リサイクル法）が制定され[141]，2002 年には，廃棄自動車から特定フロンや有用な材料をリサイクルするために，使用済自動車の再資源化等に関する法律（略称：自動車リサイクル法）が制定されました[142]。

さらに，2001 年には，特定製品に係る特定フロンの回収及び破壊の実施の確保等に関する法律（略称：フロン回収・破壊法）が制定され，業務用冷凍空調機器の整備又は廃棄を行う際にはフロン類の回収と破壊を行うことが義務付けられました。しかし，回収率は約 3 割程度で 10 年間低迷し，また，機器の使用中の漏えいが多いことが判明ました。

このため，2013 年に，著者も協力して，塩素が付いていないために，オゾン層を破壊しないハイドロフルオロカーボン（略号：HFC）も対象に含めた「フロン類の使用の合理化及び管理の適正化に関する法律（略称：**フロン排出抑制法**）」が制定され，2015 年に全面施行されました[143]。この法律では，オゾン層破壊と地球温暖化に影響するすべてのフロン類の製造から廃棄までの全過程にわたる対策が取られるようになりました。

すなわち，フロン類の製造業者等は，国が定める判断基準にしたがって以下のことを行うように定められました。

① フロン類代替物質の製造等やフロン類の使用の合理化に取り組むこと

② フロン類を使った指定製品の製造業者等は，国が定める判断基準に基づいて，使用フロン類による環境影響度の低減に取り組むこと

☛ コラム 21：ハロン類は大きなビルに大量に貯められている

フロン類の塩素やふっ素の一部分又は全部が臭素に代わった化合物を**ハロン類**といいます。それらのうちで 3 種類のハロン（ハロン 1211，1301，2402）がオゾン層破壊物質として規制され，新たな製造等が禁止されました。

しかし，これらはおもに消火剤として用いられているため，通常時には放出されないので，貯蔵中のハロン類は，そのままで良いことになっています。このため，大きなビルでは大量のハロン類が貯められていますが，その量は，（NPO）消防環境ネットワーク[144]のハロンバンクに登録，管理されています。

なお，ハロン類以外の**消火剤**やハロン類を使わない消火方法に変えているビルも増えています。

③ 特定製品の管理者は，点検等を実施し，一定量以上のフロン類を漏えいさせた者は国に報告し，国は漏えい量等を公表すること

④ 整備者や廃棄等実施者は，充填基準や回収基準に従うこと

⑤ フロン類再生業者やフロン類破壊業者は，引き取ったフロン類を再生基準や破壊基準に従って，再生又は破壊すること

さらに，フロン類の製造の削減と停止，フロン類使用製品のノンフロン化の促進，業務用冷凍空調機器使用時の漏えい防止，登録業者による充填及び許可業者による再生による漏えい防止が図られることになりました。

また，HCFC の生産と消費を 2004 年以降削減し，2030 年までに全廃すること，オゾン層破壊物質であるハロンは 1994 年までに新たな生産と消費を全廃し，四塩化炭素，1,1,1-トリクロロエタン，ハイドロブロモフルオロカーボン類（略号：HBFC）は 1996 年までに，ブロモクロロメタン（別名：ハロン 1011）は 2002 年までに，臭化メチルは 2005 年までに，新たな生産と消費を全廃しました。

フロン類等の漏えいを防ぐには，フロン類等を使用した機器の所有者や使用者などが法律による規制を理解し，機器の維持管理業者に漏えい防止対策をしっかりと要請することが重要ですが，きわめて広範に利用されているフロン類等を使用した機器のすべてについて，このような要請をすることは，実際には困難な状況です。

4.2.6　地球温暖化ガスの管理はどうなっているのか

地球温暖化ガスの管理は，地球温暖化対策の推進に関する法律（略称：地球温暖化対策法）[145]で行われています。この法律は，「地球温暖化が地球全体の環境に深刻な影響を及ぼすもので，気候系に対して危険な人為的干渉を及ぼすこととならない水準において，大気中の温室効果ガスの濃度を安定化させ，地球温暖化を防止することが人類共通の課題であり，全ての者が自主的かつ積極的にこの課題に取り組むことが重要であることに鑑み，地球温暖化対策に関し，地球温暖化対策計画を策定するとともに，社会経済活動その他の活動によ

る温室効果ガスの排出の抑制等を促進するための措置を講ずること等により，地球温暖化対策の推進を図り，もって現在及び将来の国民の健康で文化的な生活の確保に寄与するとともに人類の福祉に貢献することを目的」として，1998年に制定され，著者も協力して何回か改正されている法律です。

　この法律では，二酸化炭素，メタン，一酸化二窒素，冷媒等として使用されていたハイドロフルオロカーボン類のうちの政令で定めるもの，電子部品の洗浄剤などとして使用されていたパーフルオロカーボン類（炭素とふっ素の化合物，略号：PFC）のうちの政令で定めるもの，六ふっ化硫黄（化学式：SF_6），及び三ふっ化窒素（化学式：NF_3）を温室効果ガスとして規制することにしています。その上で，地球温暖化対策計画の策定，地球温暖化対策推進本部の設置，温室効果ガスの排出抑制等のための施策，森林等による二酸化炭素吸収作用の保全等，算定割当量の取得と口座簿の開設等が定められています。

　なお，環境省は二酸化炭素に値段を付けて，排出企業などに排出量に見合う負担（炭素税など）を求め，フロン類の対策費用に当てる制度の導入を検討し[146]，経済産業省は長期地球温暖化対策を検討しています[147]。

　また，工場や商店，家庭でも，二酸化炭素の排出量の多くは電力消費による間接的な排出です。（一財）日本原子力文化財団によると[148]，発電量 1 kWh 当たりの二酸化炭素の排出量は，設備の建設や運用の際の排出量も含めて，石炭火力発電が 943 g，石油火力発電が 738 g，液化天然ガス（LNG）火力発電が599 g であるとされています。これに対して，太陽光発電が 38 g，風力発電が26 g，原子力発電が 19 g，地熱発電が 13 g，中小水力発電が 11 g とされています。

　原子力発電は事故時の被害の大きさが問題にされていますので，太陽光，風力，地熱，中小水力などの自然（再生可能）エネルギーを使った発電が注目されています。特に火山国で，急流も多い日本に適した地熱を使った発電や中小の水力発電を普及することが，二酸化炭素の排出量を減らすのに有効であると期待されています。

4.3　農業用の化学物質の管理はどうなっているのか

4.3.1　農薬の管理はどうなっているのか

〔1〕　**日本での農薬規制**　　農作物を害する菌，線虫，ダニ，昆虫，ネズミその他の動植物又はウイルスを農作物の病害虫といいます。また，農薬とは，この病害虫の防除に用いられる殺菌剤，殺虫剤，その他の薬剤，及び農作物等の生理機能を増進・抑制する薬剤とされています。

日本での農薬の管理は，**農薬取締法**[9]によって行われています。1948 年にこの法律が制定された当初は，効果が疑わしい粗悪な農薬を追放し，農薬の品質保持と向上を図り，食糧の増産を推進することが目的でした。1963 年には，植物調節剤や農薬を原料又は材料として使用する資材も適用対象とし，水産動植物に有害な農薬の取り扱いについての規定等の改正が行われました。1971 年には，人畜の被害を防止するため，残留農薬に対する対策の整備強化，登録制度の強化，農薬の使用規制の整備等の改正が行われ，農林水産大臣の登録を受けなければ農薬を製造，加工，輸入，販売してはならないことになりました。また，2002 年に，無登録農薬の製造や輸入及び使用の禁止，農薬使用規準に違反する農薬の使用禁止，罰則の強化，及び防除目的で使用実績のある農業資材は農薬登録制度の枠外とし，登録せずに製造・販売，使用できる特定農薬（通称：特定防除資材）とする改正が行われました。さらに，2003 年には，無登録農薬や販売禁止農薬については，販売者に回収を命じることができる規定，及び無登録除草剤は，農薬としては使用できないことの表示義務規定等が設けられました。

現在の農薬取締法[9]では，（独）農林水産消費安全技術センター[149]が登録のための検査を行い，農林水産省が申請の正しさや農作物等への害と人畜への危害のおそれなどをチェックし，環境省が土壌中の残留性，水産動植物への被害防止，及び水質汚濁負荷等を評価して登録の可否を判断するための残留濃度の基準（登録保留基準といいます）を定め，農林水産省と環境省が，適用範囲と使

用基準を決めることになっています。また、「農薬の容器又は包装に使用基準や登録番号、種類や成分と含有量、毒性や危険性、最終有効年月等を表示することが定められ、農民も使用規準に従わなければならない」とされています。

なお、アブラムシ、カミキリムシ、ケムシ、カイガラムシ、ハダニ等を対象とする家庭園芸用殺虫剤も、農林水産省が農薬取締法に基づいた審査をした上で、製造・販売されています。

一方、2006年には、厚生労働省管轄の食品衛生法に基づき、基準値を超えて農薬が残留する食品の販売、輸入を禁止する制度[150]ができ、農林水産省が、これに沿って農薬の使用基準を設定するとともに、検疫所で輸入食品の残留農薬検査を行うことになりました。

しかし、農薬とまったく同じ成分が、家庭用殺虫剤、防疫用殺虫剤、シロアリ防除剤、動物用医薬品等に使用されていることがあります。これらは別々の法律で管理され、なかにはまったく規制がないものもあります。このことは用途別規制の大きな問題点であり、農薬取締法[9]、毒物及び劇物取締法[29]、医薬品・医療機器等の品質・有効性及び安全性の確保に関する法律[33]、食品衛生法[34]、化学物質の審査及び製造等の規制に関する法律[1,2]、化学物質排出把握管理促進法[3]、水道法[151]等の多くの農薬に関係する多くの法律があっても、健康被害や環境汚染を確実に防ぐことはできないとの指摘があります[113]。

例えば、農薬取締法[9]には、つぎのような問題点があると指摘されています。

① 農耕地、森林、芝地、その他植物栽培場所での使用が対象で、それ以外の場所での使用は対象外であること

② 人の健康影響評価は、作物への残留による影響の評価が主で、大気、水、土壌経由の人体影響は十分に配慮されていないこと

③ 化学物質過敏症患者への対策がないこと

④ 生態系への影響評価は、魚介類、カイコ、ミツバチ等の一部の生物への急性毒性評価しか行われず、十分に考慮されていないこと

⑤ 農薬の登録失効の理由が公表されず、失効農薬の毒性情報が明らかにされていないこと

⑥ 輸出用の農薬は適用外であること

　なお，2006 年度以降の主要な農薬の使用状況については，特定化学物質の環境への排出量の把握等及び管理の改善の促進に関する法律[3]に基づいて，水田，畑，果樹園，森林，ゴルフ場，公園等その他の非農耕地，及び家庭園芸等の使用先別使用量や都道府県別使用量が国から公開されています。

　また，著者が代表を務める**エコケミストリー研究会**[152]では，人に対する毒性と藻類，甲殻類（ミジンコ類），魚類に対する毒性，及び毒性で重み付けした都道府県別の農薬使用量等を公表しています。この公表情報では，農薬類の毒性にはきわめて大きな幅があること，除草剤は藻類に毒性がやや強く，殺虫剤はミジンコ類に毒性がやや強い傾向があることなどが示され，毒性が弱く，ほぼ同じ効果がある農薬を使うように変えていくことが望まれています。

　〔2〕　EU での農薬規制と REACH　　EU では，約 40 年前から，農薬の販売前の試験・承認・許可や職業的使用者の資格検査等の義務付けが行われてきました[153]。例えば，2009 年には，農薬の製造・販売に関する規制（上市規制といいます）の 1107/2009/EC[154]と，農薬の持続可能な使用（略号：SUD）に関する指令 2009/128/EC[155]が導入されました。

　上市規制では，使用後の暴露量を考慮した従来のリスクによる規制から，農薬自体の有害性による規制（ハザード規制といいます）に移行され，一定以上の有害性がある農薬は上市できなくなり，承認期間も 10 年から 7 年に短縮されました。また，この SUD に関する指令では，「各国ごとに異なっていた空中散布の禁止，農薬使用者の訓練基準，化学物質に頼らない病害虫の総合的管理技術等を統一し，持続可能な農薬の実現を目指す」とされました。

　さらに，EU 指令 1991-414-EEC[156]では，農薬の有効成分についてのリスク評価を経た上で承認を得，使用可能なポジティブリストに登録されなければならないことになりました。また，このリスク評価の前提として，メーカーが農薬の有効成分の毒性，残留性，水溶性等についての試験結果を EU 当局に提出し，当局の確認を得ることが必要になっています。

　なお，EU の農薬規制については，世界 90 か国の約 600 機関による国際農

薬行動ネットワーク（略号：PAN）[157]が，情報の提供と農薬による植物保護や
害虫管理に対する代替案の支援，及び政策提言等を行っています。

　また，最近の農薬管理の基礎となる考えは**予防原則**[158]となっています。こ
の予防原則とは，「環境に重大あるいは回復不能な影響を及ぼす脅威が考えら
れる場合，科学的に因果関係が十分証明されない状況でも規制措置を可能にす
る」という考え方です。

　さらに，EU の新しい規則として，化学物質の登録，評価，認可，制限につ
いての**REACH**[159]があります。この REACH は，従来の化学物質に関係する
さまざまな EU 法を置きかえ，他の環境と安全に関する法制度を補完するもの
で，2007 年から実施されています。

　ただし，この REACH では，農薬規制で承認されている有効成分は「登録さ
れた物質」とみなされています。また，欧州の環境 NGO 連合である European
Environmental Bureau と欧州の環境 NGO である Client Earth[160]は，欧州化学
物質庁による 2011 年末 ～ 2012 年 3 月の REACH についての監査で，REACH
の二つの大原則，すなわち，安全性を示すデータがなければ市販しないという
ノーデータ・ノーマーケット原則と，物質ごとの登録を義務付けるという原則
が無視されているのが問題であると指摘しています。

☕コラム 22：毒性情報と予防原則

　化学物質の毒性には，人間に対して急性中毒や慢性中毒を起こす一般毒
性のほかに，発がん性や免疫毒性（アレルギー誘発性），次世代への影響を
含む生殖毒性などがあり，また野生生物への毒性（生態毒性といいます）
もあります。

　きわめて多くの化学物質について，これらのすべての毒性を試験するた
めには莫大な経費がかかります。

　このため，物性や使用実績などから有害性が低いことが示された化学物
質以外は使わないようにする「予防原則」という考えが国際的に取り入れ
られてきました。しかし，日本では，この「予防原則の適用が不十分であ
る」と NGO[113]から指摘されています。

　なお，この EU の農薬規制法と REACH の一番大きな違いは，農薬規制法では使用量によらずに使用前に承認を得るのに対して，REACH では一定程度の使用量がある農薬だけが登録を必要とすることが求められる点です。

〔3〕　有機りん系農薬とネオニコチノイド系農薬　　上記のような動きのなかで，欧州では有機りん系農薬の使用が大幅に減っています。この理由にはつぎのようなことが挙げられています。

① メーカーがポジティブリスト登録に必要なデータを提出しなかったこと

② 有機りん系農薬は，すでに使用されていないものも多かったこと

③ すでに特許切れになっている有効成分が多かったこと

④ 有機りん系農薬の一部が人に対して強い毒性を示すこと

⑤ ほかに有効な製品である**ネオニコチノイド系農薬**が開発されてきたこと

⑥ 有機りん系以外の新製品の研究費の回収のために，新製品の販売に力を入れる必要があったこと

　また，残っている有機りん系農薬も 2020 年までに許可期限が切れるものが多いので，有効期間の延長の承認が得られるか否かが注目されています。

　一方，ミツバチが減少してきた原因の一つとして，使用量が増えてきた一部

> **☕コラム 23：日本はヨーロッパよりアメリカを見本にしがち**
>
> 　日本は，第二次世界大戦後，アメリカに占領され，返還後もアメリカから多くの物資の供給を受けて復興してきました。このため，外交もアメリカとの関係が重視され，アメリカに憧れ，アメリカを見本にする考え方，すなわち，アメリカ的な合理主義が一般化されました。また，化学物質管理についても，アメリカより歴史や多様性のあるヨーロッパの化学物質管理制度を参考にすることが少なくなりました。
>
> 　しかし，アメリカ的な狭い合理主義の考え方だけでは競争と弱肉強食の社会になってしまい，安心できる社会にはならないという指摘もあります。
>
> 　すなわち，地域や民族の特徴を理解した上で，どのような方法が日本や日本人にとって良いことなのかを長期的視点で考えること，またアジア諸国などに対してなにをするべきかを考えることが求められています。

のネオニコチノイド系農薬の影響が指摘されるようになりました[48)-51)]。ミツバチは世界の16%以上の植物の受粉に関与し，食糧生産に貢献している重要な昆虫です。EU加盟国のうち，スロベニア，フランス，ドイツ，イタリアの4か国が，ハチに有害な数種類のネオニコチノイド系農薬を一時禁止する法的措置を取り，また，欧州委員会がネオニコチノイド系農薬についての再評価を行い，3種類の農薬の使用禁止を提案しています[49)-51)]。

4.3.2 肥料の管理はどうなっているのか

　日本での肥料の管理は，**肥料取締法**[14)]で行われています。この法律は，「肥料の品質を保全し，その公正な取引を確保するため，肥料の規格化，登録，検査等を行い，これによって農業生産力の維持増進に寄与することを目的」として1950年に制定され，2003年に改正されました。この法律では，肥料は，普通肥料と，米ぬかや堆肥等の特殊肥料とに分けられ，普通肥料のなかで，含有成分が植物に残留し，施用方法によっては人畜に被害が生ずるおそれのあるものは，特定普通肥料とされています。また，普通肥料のなかで，有害成分を含有するおそれがあるものは，下水汚泥，し尿汚泥，工業汚泥，混合汚泥，焼成汚泥を原料とした肥料と，汚泥や水産副産物を発酵させた肥料，硫黄及びその化合物とされています。特に，下水汚泥を原料とする肥料を生産又は輸入する場合には，農林水産大臣の認証を得る必要があり，ひ素，カドミウム，水銀，ニッケル，クロム及び鉛の含有量が指定量以下であること，金属等を含む産業廃棄物に係る判定基準に適合する原料を使用すること，植物への有害性試験で害が認められないこと等が求められています。

　なお，肥料生産者は，登録番号，肥料の種類と名称，原料の種類，生産業者の氏名，住所，主要な成分の含有量等を記載した生産業者保証票，また，輸入する者も同様の輸入業者保証票を添付することが必要とされています。

　農林水産省の平成27年度推計[161)]によると，2015年度には，生ごみが家庭から約820万トン，食品製造業から約1653万トン，食品の卸・小売業から約157万トン，外食産業から約200万トン発生しているとされています。家庭以

外からの約2010万トンのうち，約1479万トンが再利用され，そのうちの約1059万トンが飼料にされ，約249万トンが肥料にされています。

また，家庭や地域で用いるさまざまな堆肥化装置も販売されています。

合成化学肥料を使用して生産された農作物，農作物をエサとして利用している畜産物，及び資源の減少が心配されている魚介類などからの廃棄物を捨てずに，肥料などとして有効利用する方法の普及が望まれています。

4.3.3 飼料の管理はどうなっているのか

日本での飼料の管理は，飼料の安全性の確保及び品質の改善に関する法律（略称：**飼料安全法**）[162]で行われています。この法律は，「飼料及び飼料添加物の製造等に関する規制，飼料の公定規格の設定及びこれによる検定等を行うことにより，飼料の安全性の確保及び品質の改善を図り，もって公共の安全の確保と畜産物等の生産の安定に寄与することを目的」として，1953年に制定され，何回か改正されている法律です。

この法律では，牛，豚，めん羊，山羊，しか，鶏，うずら，みつばち，ぶり，まだい，ぎんざけ，かんぱち，ひらめ，とらふぐ，しまあじ，まあじ，ひらまさ，たいりくすずき，すずき，すぎ，くろまぐろ，くるまえび，こい（食用に供さないものは除く），うなぎ，にじます，あゆ，やまめ，あまご，にっこういわな，えぞいわな，やまといわなどの飼料（エサ）を対象としています。なお，馬やいのしし，犬，猫，うさぎ，及びあひるや七面鳥などの日本で広く食用にする習慣のない動物のエサは対象に含まれていません。

また，農林水産省の「飼料をめぐる情勢」[163]によると，日本で使われる飼料は，栄養として消化吸収できる可消化養分総量（略号：TDN）としては，2400万トン前後となっています。なお近年，自給率は全体に微増傾向で推移していますが，純国内産飼料自給率は28%前後となっています。

なお，2016年度には，トウモロコシが約998万トン，乾牧草が約187万トン，大豆油カスが約186万トン，大麦が約97万トン，こうりゃんが約43万トン，小麦が約35万トン，ヘイキューブが約16万トン，魚粉が約15万トンな

ど，合計約 1577 万トンの飼料が輸入されています。

このような輸入飼料の経費が，日本の畜産の採算に大きく影響しています。このため，最近は，食堂と連携して食べ残しを飼料にしたり，自然のなかで草や植物の芽，根，種，あるいは虫や菌などが含まれている土を食べさせて家畜を育てる方法が注目されています。

4.4 工業用や医療用の化学物質の管理はどうなっているのか

4.4.1 火災や爆発を起こしやすい化学物質の管理はどうなっているのか

〔1〕 消 防 法　　日本での火災や爆発の防止対策は，**消防法**[39]で定められています。この消防法は，「火災を予防し，警戒し及び鎮圧し，国民の生命，身体及び財産を火災から保護するとともに，火災又は地震等の災害による被害を軽減するほか，災害等による傷病者の搬送を適切に行い，もって安寧秩序を保持し，社会公共の福祉の増進に資することを目的」として，1948 年に制定され，何回か改正されている法律です。

また，この法律に基づく危険物の規制に関する政令[164]では，「危険物とその製造，貯蔵，取扱，運搬・移送等を行える施設と取扱方法，取扱者の資格や自衛消防組織，緊急時の指示等」が定められています。

ただし，少量の場合，及び所轄消防長又は消防署長の承認を受けて，指定数量以上の危険物を 10 日以内の期間だけ，仮に貯蔵することや取り扱う場合には消防法は適用されません。

〔2〕 危 険 物　　火災や爆発等の原因となる**危険物**は，消防法で**表 4.2**のように，第一類から第六類に分けられ，それぞれに法律が適用される指定数量[165]，取扱方法，取扱者の資格などが定められています。

また，この消防法では，高圧ガス保安法[166]の対象とならない数量でも，消防活動を阻害する物質として 117 物質（群）とそれらを含む製剤を指定数量以上貯蔵又は取扱う場合には届出が必要となります。

表 4.2　危険物の種類[165]

分 類	内 容	対象化学物質
第一類	酸化性固体	塩素酸塩類，過塩素酸塩類，無機過酸化物，亜塩素酸塩類，臭素酸塩類，硝酸塩類，よう素酸塩類，過マンガン酸塩類，重クロム酸塩類，その他の政令で定めるものとして，過よう素酸とその塩類，クロム，鉛又はよう素の酸化物，亜硝酸塩類，次亜塩素酸塩類，塩素化イソシアヌル酸，ペルオキソ二硫酸塩類，ペルオキソほう酸塩類，炭酸ナトリウム過酸化水素付加物及びこれらのいずれかを含有するもの
第二類	可燃性固体	硫化りん，赤りん，硫黄，鉄粉，金属粉，マグネシウム，その他の政令で定めるもの，及びこれらのいずれかを含有するもの，並びに固体アルコール，ゴムのり，ラッカーパテなど
第三類	自然発火性物質及び禁水性物質	カリウム，ナトリウム，アルキルアルミニウム，アルキルリチウム，黄りん，アルカリ金属（カリウム及びナトリウムを除く）及びアルカリ土類金属，有機金属化合物（アルキルアルミニウム及びアルキルリチウムを除く），金属の水素化物，金属のりん化物，カルシウム又はアルミニウムの炭化物，その他の政令で定めるものとして，塩素化けい素化合物，及びこれらのいずれかを含有するもの
第四類	引火性液体	・ジエチルエーテル，アセトンアルデヒド，二硫化炭素などの引火点が−20℃以下で，沸点が 40℃以下である特殊引火物 ・ヘキサンやガソリンなどの引火点が 21℃未満の液体である第一石油類 ・アルコール類，酢酸や灯油などの引火点が 21℃以上，70℃未満の液体である第二石油類 ・グリセリンや重油などの引火点が 70℃以上，200℃未満の液体である第三石油類 ・潤滑油や絶縁油などの引火点が 200℃以上，250℃未満の液体である第四石油類 ・動植物油類
第五類	自己反応性物質	有機過酸化物，硝酸エステル類，ニトロ化合物，ニトロソ化合物，アゾ化合物，ジアゾ化合物，ヒドラジンの誘導体，ヒドロキシルアミン，ヒドロキシルアミン塩類，その他の政令で定めるものとして，金属のアジ化物，硫酸グアニジン，1-アリルオキシ-2,3-エポキシプロパン，4-メチリデンオキシセタン-2-オン及びこれらのいずれかを含有するもの
第六類	酸化性液体	過塩素酸，過酸化水素，硝酸，その他の政令で定めるものとして，複数のハロゲン元素が結合したハロゲン間化合物，及びこれらのいずれかを含有するもの

4.4.2 毒性が高めの化学物質の管理はどうなっているのか

　毒性が高めの化学物質の日本での管理は，**毒物及び劇物取締法**[29]で行われています。この毒物及び劇物取締法は，1950 年に制定され，何回か改正されている法律です。毒物と劇物を指定し，製造，輸入，販売，取扱等を厳しく管理する法律で，これらを販売する場合には，基本的に化学物質安全性データシート（略号：MSDS）の添付が義務付けられています。

　毒物とは，大人が誤飲等した場合の致死量が 2 g 程度未満，及び世界調和システム（略号：GHS）[167],[168]の分類で，急性毒性区分が 1 又は 2 に相当する物質のことで，2016 年 7 月現在，94 物質（群）が指定されています。

　さらに，毒物のなかでもきわめて毒性が強く，かつ広く使用されている 6 種類の有機りん系農薬とモノフルオール酢酸，モノフルオール酢酸アミドという農薬，自動車エンジンのアンチノック剤に使用されている四アルキル鉛等を含む製剤，及びりん化アルミニウムとその分解促進剤とを含む製剤の合計 10 物質は，**特定毒物**とされています。

　一方，**劇物**とは，大人が誤飲等した場合の致死量が 2 g ～ 20 g 程度か，刺激性が著しく大きいか，GHS の急性毒性区分が 3 か，皮ふ腐食性区分が 1 か，眼傷害性区分が 1 に相当する物質のことで，2016 年 7 月現在，323 物質（群）が指定されています。なお，この法律では，毒物でも劇物でもない化学物質は，「普通物」とされています。

　ただし，どんな化学物質でも，体に大量に入れると死亡したり病気になったりします。半数の人が死ぬと推定される摂取量を半数致死量といい，体重 1 kg 当たりで，ダイオキシン類は 0.0006 mg ～ 0.002 mg，フグ毒のテトロドトキシンは 0.01 mg，北朝鮮の金正男氏が殺害されたとされる毒ガスの VX は 0.015 mg，オウム真理教が使用した毒ガスのサリンは 0.35 mg，タバコのニコチンは 1 mg ～ 7 mg，毒物として有名なシアン化カリウム（略称：青酸カリ）は 3 mg ～ 7 mg，亜ひ酸ナトリウムは 10 mg，エチルアルコールは 5 000 mg ～ 14 000 mg とされています[169]。

　なお，青酸カリを飲まされて，すぐに死ぬ場面がテレビによく出てきます

が，この青酸カリは胃のなかに入ると胃酸でシアン化水素となって吸収され，二つの酵素の働きを妨害して死に至らしめます。このような作用には数分間が必要ですので，飲んですぐに死ぬことはありません。

　また，化学物質の構造や物性から毒性を推算する定量的構造活性相関（略号：QSAR）といわれるいくつかの方法が試みられています[170]。しかし，どの推算方法でも例外物質が出てしまいます。したがって，QSAR は毒性のスクリーニングや試験データの誤りの確認，試験の優先順位の決定などには使えますが，最終的には動物を使った毒性試験をして確かめる必要があります。

4.4.3　医薬品の管理はどうなっているのか

　日本での**医薬品**などの管理は，医薬品，医療機器等の品質，有効性及び安全性の確保等に関する法律[33]で行われています。この法律は，「医薬品，医薬部外品，化粧品，医療機器及び再生医療等製品の品質，有効性及び安全性の確保のために必要な規制を行うとともに，医療上とくにその必要性が高い医療品及び医療機器の研究開発の促進のために必要な措置を講ずることにより，保健衛生の向上を図ることを目的」とし，2014 年に，旧薬事法等の一部が改正されてできました。この法律によって，「行政の承認や確認，許可，監督等のもとでなければ，医薬品や医薬部外品，化粧品，及び医療機器の製造や輸入，調剤をしてはならない」ことになっています。

　ここで，医薬品とは，「日本薬局方に記されているもので，医療機器，医薬部外品及び再生医療等製品でなく，人間又は動物の構造・機能に影響を及ぼし，人間又は動物の疾病の診断，治療又は予防することを目的とするもの」とされています。また，この医薬品は「医療用医薬品」と「一般用医薬品」とに分けられ，一般用医薬品は，さらに第一類医薬品，第二類医薬品，第三類医薬品に分けられています。

　医療用の医薬品は，薬剤師が医者の処方箋にしたがって調剤する薬局でないと買えません。また，一般用医薬品のうち，第一類医薬品は，薬剤師か，一定条件を満たした登録販売者から説明を受けないと買えません。第二類医薬品

は，薬剤師か，登録販売者が情報提供に務めて販売することされています。一方，第三類医薬品は，特に情報提供なしで，通常のレジで買うことができます。このため，最近は薬剤師を常駐させてすべての一般用医薬品を販売できるようにしたドラッグストアが増えてきています。

　なお，医薬品の容器・包装又は直接の被包には，「製造・販売業者の氏名又は名称，住所，商品の名称，製造番号又は製造記号等を記載すること」とされています。

　また，医薬品及び医療機器は，「原則として，警告，禁忌・禁止，使用上の注意，品目仕様，操作方法，包装単位等を記載した文書を添付することが必要」とされ，特に，「承認や認証の内容又は届出をした内容の範囲を超えた効能や効果等を標榜したり，暗示した場合には罰せられる」ことになっています。

　薬局での調剤についても，「薬局開設者は，薬剤師に書面で必要な情報の提供や指導を行わせ，使用者の年齢，他の薬剤又は医薬品の使用状況等の確認をさせなければならない」ことになっています。

　さらに，「医薬品のうちで，厚生労働大臣が急性毒性の強い毒薬に指定したものには表示をし，施錠できる場所に，他と区別して貯蔵及び陳列する必要がある」とされています。

　なお，毒薬より急性毒性が弱く，劇薬に指定されているものがあります。

　ただし，毒薬や劇薬は適切に使用すれば安全で有用な薬で，毒物及び劇物取締法[29]によって定められた毒物や劇物とは異なることに注意が必要です。

4.4.4　医薬部外品や化粧品の管理はどうなっているのか

　医薬部外品，化粧品，医療機器なども，医薬品，医療機器等の品質，有効性及び安全性の確保等に関する法律[33]によって管理され，「製造，輸入，販売の許可，及び医薬品と同様の文書の添付が必要」とされています。

　医薬部外品とは，人に対する作用が緩和なもので，医薬品の販売許可がなくても販売できるものです。

　例えば，吐き気その他の不快感防止剤，口臭や体臭の防止剤，腋臭防止剤，

あせもやただれ等の防止剤，脱毛の防止剤，育毛剤，除毛剤，及びネズミ，ハ
エ，カ，ノミ，その他これらに類する生物の防除等を目的とする薬剤のほか
に，厚生労働大臣が指定した衛生用綿類（生理用ナプキンや清浄綿），染毛剤
（脱色剤や脱染剤を含む），パーマネント・ウェーブ用剤，薬用化粧品類（薬用
石鹸類や薬用歯磨き類等），浴用剤，健胃清涼剤，滋養強壮・栄養補給薬，き
ず消毒保護材・外皮消毒剤，ビタミン又はカルシウム補給剤，のど清涼剤，ひ
び・あかぎれ用剤，あせも・ただれ用剤，うおのめ・たこ用剤，かさつき・あ
れ用剤，いびき防止薬，カルシウム含有保健薬，うがい薬，健胃薬，口腔咽頭
薬，コンタクトレンズの装着薬や消毒薬，殺菌消毒薬，しもやけ用薬，瀉下
薬，消化薬，生薬含有保健薬，整腸薬，鼻づまり改善薬（外用剤のみ），ビタ
ミン含有保健薬等があります。

　化粧品は，「人体を清潔にし，美化し，魅力を増し，容貌を変え，又は皮ふ
や毛髪等を健やかに保つために，皮ふ又は毛髪に塗擦，散布等されるもので，
人体に対する作用の緩和なもの」と定められています[33]。

　なお，日本標準商品分類では，化粧品は，香水及びオーデコロン，仕上げ用
化粧品，皮ふ用化粧品，頭髪用化粧品，特殊用途化粧品，その他の化粧品に分
類されています。

　一方，**医療機器**とは，「人間又は動物の疾病の診断，治療又は予防を目的と
し，人間又は動物の構造・機能に影響を及ぼすことが目的とされている機械器
具（再生医療等製品を除く）」とされています[33]。また，機械器具ではない疾
病診断用プログラム，疾病治療用プログラム，疾病予防用プログラム，それら
の記録媒体等のヘルスソフトウェアも医療機器とされています。

4.4.5　圧力の高いガスの管理はどうなっているのか

　日本での圧力の高いガスの管理は，**高圧ガス保安法**[166]で行われています。
この法律は，「高圧ガスによる災害を防止するため，高圧ガスの製造，貯蔵，
販売，輸入，移動，消費，廃棄等を管理するとともに，民間事業者及び高圧ガ
ス保安協会による高圧ガスに関する自主的な活動を促進し，公共の安全を確保

することを目的」として，1951 年に施行された高圧ガス取締法が，1997 年に改題され，その後も何回か改正されている法律です。

この法律では，高圧ガスとは，「常用の温度で圧力が 1 MPa（約 10 気圧）以上になる圧縮ガス，常用の温度で圧力が 0.2 MPa（約 2 気圧）以上となる圧縮アセチレンガス，常用の温度で圧力が 0.2 MPa 以上になるもので，現に 0.2 MPa 以上又は 0.2 MPa となる場合の温度が 35℃ 以下の液化ガス，35℃ で 0 MPa を超える液化シアン化水素，液化ブロムメチル，液化酸化エチレン等のその他の液化ガス」と定められ，これらの高圧ガスの取扱業者，保安対策，保安検査，容器，指定試験機関等を定めています。

ただし，家庭用エアコンのフロンガスやカセットコンロのカセットガスは少量であるため，高圧ガス保安法の適用は受けません。プロパンガスも工場の生産工程やコンピュータの冷却に使えば対象となりますが，冷暖房や調理，水蒸気の発生，水の加温などに使う場合には高圧ガス保安法の対象となりません。

また，高圧ガス保安法に基づいて，一般高圧ガス保安規則，液化石油ガス保安規則，コンビナート等保安規則，冷凍保安規則，特定設備検査規則，及び容器保安規則等が定められています。

なお，合成化学物質の分類及び表示に関する世界調和システム（略号：GHS）[167), 168)]での高圧ガスの定義は，日本の高圧ガスの定義とは異なり，20℃，0.2 MPa（約 2 気圧）以上の圧力の下で容器に充填されているガス，及び液化又は深冷液化（空気の場合は − 170℃ 以下にして液化）されているガスとされています。

4.4.6　一般の工業用化学物質の管理はどうなっているのか

〔1〕　**化学物質の審査及び製造等の規制に関する法律**　　前述のような特定の有害化学物質，農業用の合成化学物質，工業用や医療用の化学物質以外の化学物質の管理は，1973 年に制定された，化学物質の審査及び製造等の規制に関する法律（略称：化学物質審査規制法又は**化審法**）[1), 2)]によって行われています。この法律は，当初は厚生省（現在の厚生労働省）と通商産業省（現在の

経済産業省）の管轄で，人の健康被害を防止するために，新しく製造・販売する工業用化学物質（新規化学物質といいます）の有害性を事前に審査する法律でした。すなわち，この法律は，ポリ塩化ビフェニル（略号：PCB）のように，環境中で分解されにくく（難分解性といいます），生物に濃縮，蓄積しやすく（高蓄積性といいます），かつ人への毒性が高い化学物質の製造・輸入等を規制するための法律でした。しかし，1986年には，トリクロロエチレン等による地下水汚染が全国的に明らかになったのをきっかけに，従来の特定化学物質を第一種特定化学物質に改編するとともに，高蓄積性ではないが，難分解性で，人に対して毒性の高い物質を第二種特定化学物質とし，また高蓄積性ではないが，難分解性で，人に対して毒性が高い疑いのある物質を指定化学物質として，それぞれの取扱方法を定めました。

また，2002年に，OECDから日本に対して，人だけでなく，動植物への影響や環境中への放出の可能性を考慮した化学物質の審査と規制を行うように勧告されました。このため，2003年に，環境省も管轄官庁に加えられ，難分解性で，人を含めた動植物への毒性が高い化学物質についても，製造業者や輸入事業者に製造や輸入の実績数量の届出と有害性の調査を求めること，また，既存化学物質についても，難分解性や蓄積性の高い物質は，製造や輸入の実績数量の届出義務を課すこと，及び必要に応じてメーカーに毒性の調査を求めること等の改正が行われました。

さらに，2009年に以下のような改正が行われました。

① 必要に応じて製造業者又は輸入業者に取扱状況や有害性情報の提出を求めること

② 難分解性，蓄積性，毒性が高い物質を**第一種特定化学物質**とし，製造や輸入を原則禁止すること

③ 蓄積性は高くないが，難分解で毒性が高い物質を**第二種特定化学物質**とし，製造量や輸入量の届出を義務付けるとともに表示をして取扱指針を守ること

④ 難分解性と蓄積性がある物質を**監視化学物質**とし，製造又は輸入する場

☕ コラム 24：化学物質の行方はどうなっているのか

　化学物質には，農業用製品となるもの，工業用製品となるもの，家庭用製品となるもの，医療用製品となるものなどがあります。これらは，いずれは捨てられたり，焼却されたり，埋め立てられたりするものが多いのですが，一部は大気や水域や土壌中に入ります。環境中に入っても，短時間に光や微生物等によって無害な無機物質まで完全分解すれば問題にはなりにくいのですが，あまり分解しやすいと使えないこともあり，適度な分解性が求められます。このため，適度な分解性があるか否かを調べるための試験方法や生物への濃縮性等の試験方法及び関連する物性値の試験方法が定められています[171]。

　例えば，農薬や医薬以外の化学物質の微生物による分解性の試験方法では，化学物質の水溶液又は懸濁液に一定条件で培養しておいた活性汚泥（微生物群集）を加え，25℃で 28 日間混合し，微生物による酸素消費量（生物化学的酸素消費量：BOD といいます）又は残留した物質濃度を測定して分解率を求める方法が用いられています。

　一方，農薬の登録には，薬害試験，毒性試験，水産動植物への影響試験，水産動植物以外の有用生物への影響試験，有効成分の性状，安定性，分解性等に関する試験，環境中予測濃度算定に関する試験などのほかに，好気的（酸素がある状態をいいます）湛水土壌中運命試験，好気的土壌中運命試験，嫌気的（酸素がない状態をいいます）土壌中運命試験などの土壌中での挙動を調べる試験の結果，加水分解運命試験，水中光分解運命試験などの水中での挙動を調べる試験の結果，及び容器内試験とほ場試験，後作物残留性などの土壌への残留性を調べる試験等の結果を提出する必要があります[172]。

　ただし，用途によって求められる分解性が異なりますので，化学物質の分解性ごとに用途を限定したり，利用の仕方を定めることが必要ですが，うまくできていません。

　また，OECD が化学物質のテストガイドライン（略称：OECD／TG），及び上市前最小安全性評価項目（略号：MPD）を勧告し，日本も国際間の化学物質調和を図っています。

　なお，OECD／TG とは，化学物質の安全性を評価するために使われる試験方法を国際的に共通なものとして集成したもので，各国の試験所で同じように試験が実施できるようにしたものです。

　　合には，毎年度その数量の届出を義務付けること

⑤ 1 トン以上を製造又は輸入するリスクが低いと認められない物質を**優先評価化学物質**とすること

〔2〕　**特定化学物質と監視化学物質，優先評価化学物質**[1,2]　　2017 年 6 月現在，第一種特定化学物質には，ポリ塩化ビフェニル（略号：PCB），ポリ塩化ナフタレン，ヘキサクロロベンゼン，アルドリン，ディルドリン，エンドリン，DDT，クロルデン，ビス（トリブチルスズ）＝オキシド，2,4,6-トリーターシャリーブチルフェノール，トキサフェン，マイレックス，ケルセン，ヘキサクロロブタ-1,3-ジエン，2-(2H-1,2,3-ベンゾトリアゾール-2-イル)-4,6-ジ-tert-ブチルフェノール，ペルフルオロ（オクタ-1-スルホン酸）（略号：PFOS）又はその塩，ペルフルオロ（オクタン-1-スルホニル）＝フルオリド（略号：PFOSF），ペンタクロロベンゼンほかの合計 31 物質が定められています。

　　第二種特定化学物質には，トリクロロエチレン，テトラクロロエチレン，四塩化炭素，7 種類のトリフェニルスズ類，13 種類のトリブチルスズ類の 23 物質，監視化学物質には，酸化水銀（Ⅱ），シクロデカン，テトラフェニルスズ，ポリブロモビフェニル，ジイソプロピルナフタレン，トリイソプロピルナフタレン，塩素化パラフィン（C＝11，Cl＝7 〜 12），9 種類のペルフルオロ化合物類ほかの 39 物質が定められています。

　　優先評価化学物質には，二硫化炭素ほかの 211 物質が定められています。

　　ただし，この優先評価化学物質についての詳しいリスク評価はなかなか進んでいません。また，前述の REACH で示された「安全性が証明された化学物質以外は使用しない」という予防原則[158]が十分に徹底せず，危険性や有害性が明らかな化学物質を規制するという考え方が続いているとの指摘もあります。

4.4.7　国際的な化学物質管理の強化はどうなっているのか

　　化学物質管理についての国際的な取組みは，1992 年の環境と開発に関する国際連合会議（通称：地球サミット）で採択された「21 世紀に向け，持続可能な開発を実現するために，各国及び関係国際機関が実行すべき行動計画（略

称：**アジェンダ21**）」から始まりました。2002年の国連環境計画（略号：UNEP）の管理理事会では，国際的な化学物質管理のための戦略的アプローチ（略号：**SAICM**）の必要性が決議され，2006年の第一回国際化学物質管理会議（略号：ICCM）でSAICMが採択されました[173),174)]。このSAICMは，2020年までに，化学物質の製造と使用による人の健康と環境への悪影響を最小化することを目標とし，科学的なリスク評価に基づくリスク削減，予防的アプローチ，有害化学物質に関する情報の収集と提供，各国の化学物質管理体制の整備，途上国に対する技術協力の推進等の促進を定めた行動指針です。

日本では，この考え方を環境基本計画等の政策文書に位置付け，2012年にSAICMの国内実施計画[174)]を策定し，化学物質の審査及び規制等に関する法律[1),2)]や特定化学物質の環境への排出量の把握等及び管理の改善の促進に関する法律[3)]を見直すとともに，関係省庁による連絡会議を開催して取組みの状況を追跡調査し，2015年に調査結果を取りまとめています。

これによると，今後の課題として，以下のことが挙げられています。

① 化審法に必要な鳥類や底生生物を含めたリスク評価を進めること

② 化審法の見直しのための検討会を設置して課題の整理をすること

③ OECDの取組に積極的に参加して定量的構造活性相関（略号：QSAR）やトキシコゲノミクス（毒性ゲノム学）等の開発と活用を進めること

④ 化学物質の製造から廃棄までのライフサイクル全体を考慮した評価を行うこと

⑤ PCB処理を早期に完了すること

⑥ 内分泌かく乱作用についてのリスク評価方法を開発し，管理の道筋を付けること

⑦ 複合作用及びナノ材料影響や微量化学物質の影響についての検討を進めること

⑧ 業界団体や市民団体等との政策対話を続けて関係者の合意形成を進めること

⑨ 国際協力・協調を図ること

4.5 職場や家庭等での化学物質の管理はどうなっているのか

4.5.1 職場での化学物質の管理はどうなっているのか

〔1〕 **労働安全衛生法**   日本での職場の化学物質管理は**労働安全衛生法**[32]と関係規則等[175],[176]で行われています。労働安全衛生法は，幅広い「労働災害の防止のための危害防止基準の確立，責任体制の明確化及び自主的活動の促進の措置を講ずる等その防止に関する総合的計画的な対策を推進することにより職場における労働者の安全と健康を確保するとともに，快適な職場環境の形成と促進を目的」として，1972 年に制定され，何回か改正されている法律です。

事業者は，単に労働基準法で定められた最低基準を守るだけでなく，快適な職場環境の実現と労働条件の改善を通じて，以下のことが求められています。

① 職場における労働者の安全と健康を確保しなければならないこと

② 国が実施する労働災害の防止に関する施策に協力すること

③ 機械・器具，その他の設備を設計，製造，輸入する者，原材料を製造，輸入する者，又は建設物を設計，建設する者は，設計，製造，輸入，又は建設に際して，労働災害の発生の防止に資するように努めること

④ 建設工事の注文者等，仕事を他人に請負わせる者は，施工方法，工期等で安全で衛生的な作業の遂行をそこなうおそれのある条件を附さないこと

すなわち，設計者や注文者等にも一定の責務を課しています。

また，労働者にも，以下のことが求められています。

① 労働災害防止に必要な事項を守ること

② 労働災害の防止に関する措置に協力すること

すなわち，労働基準法が最低基準の確保を目的としているのに対し，労働安全衛生法は，より進んだ適切な職場環境を実現することを目指しています。

また，この労働安全衛生法には，労働者の安全と衛生に関する事項を労働条件の明示事項として，就業規則に記載することが定められています。

　なお，労働安全衛生法に関連する法律や規則の条文等の数は1500を超えますが，おもに労働安全衛生法の施行令[175)]で細部が規定され，労働安全衛生規則（略称：安衛則）[176)]で実際の措置等が定められています。

　〔2〕　規制対象化学物質　2016年現在，640物質が労働安全衛生法施行令での規制対象となっています。また，**労働安全衛生法施行令**では，有害業務として，石綿，ベンジジンとその塩，ビス（クロロメチル）エーテル，β-ナフチルアミンとその塩，ジクロロベンジジンとその塩，α-ナフチルアミンとその塩，オルト-トリジンとその塩，ジアニシジンとその塩，ベリリウムとその塩，ベンゾトリクロリド，インジウム化合物，エチルベンゼン，エチレンイミン，塩化ビニル，オーラミン，オルト-トルイジン，クロム酸とその塩，クロロメチルメチルエーテル，コバルトとその無機化合物，コールタール，酸化プロピレン，3,3'-ジクロロ-4,4'-ジアミノジフェニルメタン，1,2-ジクロロプロパン，ジクロロメタン（別名：塩化メチレン），ジメチル2,2-ジクロロビニルホスフェイト（略号：DDVP），1,1-ジメチルヒドラジン，重クロム酸とその塩，ナフタレン，ニッケル化合物（粉状），ニッケルカルボニル，パラ-ジメチルアミノアゾベンゼン，ひ素とその化合物，β-プロピオラクトン，ベンゼン，マゼンダ，リフラクトリーセラミックファイバー，及びこれらを0.5%，1%，あるいは3%超含むものを取り扱う業務を定めています。

　さらに，これらの有害業務を行う事業者には，化学物質安全性データシート（略号：MSDS）等によって，現場作業員に危険性や有害性，及び対処方法を周知すること，関係行政機関には，粉じんの発散防止措置を行わせることなどを求めています。

　ただし，労働安全衛生法では，作業環境の粉じんや揮発性有機化合物（略号：VOC）などを局所排気装置によって外部に排出することとなっているため，大気環境への影響がないようにするためには，必要に応じて，これらを除去する施設（除害施設といいます）の設置が必要になります。

4.5.2 建物や自動車中の化学物質の管理はどうなっているのか

〔1〕 **建物中の化学物質管理**   日本での建物中の化学物質の管理は，建築物における衛生的環境の確保に関する法律[55]で行われています。この法律は，「多数の者が使用又は利用する建築物の維持管理に関し環境衛生上必要な事項等を定めることにより，その建築物における衛生的な環境の確保を図り，もって公衆衛生の向上及び増進に資することを目的」として，1970年に成立し，何回か改正されている法律です。

この法律の対象は，興行場，百貨店，店舗，事務所，学校，共同住宅等の用に供される相当程度の規模の建築物で，多数の者が使用又は利用し，その維持管理について環境衛生上とくに配慮が必要なものとして政令で定める建物とされています。

また，建築物環境衛生管理基準[177]として，「浮遊粉じんを空気 $1\,m^3$ につき 0.15 mg 以下，一酸化炭素含有率を百万分の 10（特別の事情がある建築物にあっては，厚生労働省令で定める数値）以下，二酸化炭素含有率を百万分の千以下にすること，温度を 17℃ 以上，28℃ 以下，かつ居室における温度を外気の温度より低くする場合は，その差を著しくしないこと，相対湿度を 40 % 以上，70 % 以下，気流を毎秒 0.5 m 以下とし，ホルムアルデヒドを空気 $1\,m^3$ につき 0.1 mg 以下とすること」などが定められています。

〔2〕 **自動車内の化学物質管理**   自動車内の化学物質の管理も検討されています。2004 年に 101 台の乗用車内の空気を測定した結果では，最大濃度（$\mu g/m^3$）は，ホルムアルデヒドが 61，テトラデカンが 47，トルエンが 356，エチルベンゼンが 59，キシレンが 89，スチレンが 79，p-ジクロロベンゼンが 179，脂肪族炭化水素類が 1 977，全揮発性有機炭素（略号：TVOC）が 3 968（厚生労働省の室内指針値は 490）という例もありました。このため自動車製造会社では，自動車に使われるプラスチック製品に規格[178]を定め，材料や部品のメーカーに揮発性物質を少なくするように要請しました。

これによって，自動車内の VOC は大幅に減りましたが，外国車にはややVOC 濃度が高かった例もありました[179]。また，最近は，運転者が用いる芳香・

消臭剤等による自動車内汚染も問題になっています。

4.5.3　家庭用品中の化学物質の管理はどうなっているのか

〔1〕　有害物質を含有する家庭用品の規制に関する法律　　日本での家庭
用品中の化学物質管理は，有害物質を含有する家庭用品の規制に関する法
律[180),181)]によって行われています。この法律は，「有害物質を含有する家庭用
品について保健衛生上の見地から必要な規制を行なうことにより，国民の健康
の保護に資することを目的」として，1973年に制定され，何回か改正されて
いる法律です。

　この法律では，「一般消費者の生活の用に供される製品（家庭用品）の製造
又は輸入の事業を行なう者に対して，医薬品，医療機器等の品質，有効性及び
安全性の確保等に関する法律[33)]と食品衛生法[34)]で対象とされていない有害物質
の含有量，溶出量又は発散量に関して必要な表示基準」などを定めています。

　また，毒物及び劇物取締法[29)]で規定されている毒物又は劇物を含有する家庭
用品を指定し，その家庭用品についての容器又は被包に必要な基準を設けてい
ます。

　さらに，「製造，輸入又は販売の事業を行なう者が，基準に適合しない家庭
用品を販売し，授与し，又は販売や授与の目的で陳列した場合には，厚生労働
大臣又は都道府県知事又は市区の長が，立入検査及び当該家庭用品の回収，そ
の他必要な措置をとるように命じ，人の健康に係る重大な被害が生じた場合に
は，被害の拡大防止に必要な応急措置を命じることができる」と定めていま
す。

〔2〕　規制化学物質　　家庭用品で規制されている具体的な化学物質[181)]は，
以下のとおりです。

　① アゾ化合物を含む染料が使用されている繊維製のおしめ，おしめカバー，
　　　下着，寝衣，手袋，靴下，中衣，外衣，帽子，寝具，床敷物，テーブル
　　　掛け，えり飾り，ハンカチーフ，タオル，バスマット及び関連製品，革
　　　製（毛皮製品を含む）の下着，手袋，中衣，外衣，帽子及び床敷物

② 住宅用の洗浄剤で液体状の塩化水素又は硫酸

③ 塩化ビニル又はメタノールを含むエアゾール製品

④ 4,6-ジクロル-7-(2,4,5-トリクロルフェノキシ)-2-トリフルオルメチルベンズイミダゾール（略号：DTTB）又はヘキサクロルエポキシオクタヒドロエンドエキソジメタノナフタリン（別名：ディルドリン）を含む繊維製のおしめカバー，下着，寝衣，手袋，靴下，中衣，外衣，帽子，寝具，床敷物，家庭用毛糸

⑤ ジベンゾ[a,h]アントラセン，ベンゾ[a]アントラセン，ベンゾ[a]ピレンの入ったクレオソート油を含む木材の防腐・防虫剤，クレオソート油及びその混合物で処理された家庭用の防腐木材及び防虫木材

⑥ 水酸化カリウム又は水酸化ナトリウムを含む液状洗浄剤

⑦ テトラクロロエチレンやトリクロロエチレンを含むエアゾール製品又は洗浄剤

⑧ トリス(1-アジリジニル)ホスフィンオキシド（略号：APO）又はトリス(2,3-ジブロムプロピル)ホスフェイト（略号：TDBPP）を含む繊維製の寝衣，寝具，カーテン，床敷物

⑨ ホルムアルデヒドを含む繊維製のうち，出生後24か月以内の乳幼児用のおしめ，おしめカバー，よだれ掛け，下着，寝衣，手袋，靴下，中衣，外衣，帽子，寝具，及び年齢によらず繊維製の下着，寝衣，手袋，靴下

⑩ 有機水銀化合物又はトリフェニルスズ化合物，トリブチルスズ化合物を含む繊維製のおしめ，おしめカバー，よだれ掛け，下着，衛生バンド，衛生パンツ，手袋，靴下，家庭用接着剤，家庭用塗料，家庭用ワックス，靴墨及び靴クリーム

⑪ ビス(2,3-ジブロムプロピル)ホスフェイト化合物を含む繊維製品のうち，寝衣，寝具，カーテン及び床敷物

4.5.4　食品中の化学物質の管理はどうなっているのか

〔1〕　**食品衛生法と食品中残留農薬の管理**　　日本での食品中の化学物質

の規制は**食品衛生法**[34]によって行われています。この食品衛生法は，1947 年に成立し，2003 年に「食品の安全性確保のために公衆衛生の見地から必要な規制その他の措置を講ずることにより，飲食に起因する衛生上の危害の発生を防止し，もって国民の健康の保護を図ることを目的」とするように改正されている法律です。

規制対象となるのは，医薬品や医薬部外品を除いたすべての食品と食品添加物のほか，食器，割ぽう具，容器，包装，乳児用おもちゃ等です。

ただし，家庭内調理品や個人輸入品，及び農業や水産業における食料の採取等は対象になっていません。

例えば，この法律で，「疾病にかかり，又は異常のある獣畜や家きんの肉・臓器・骨等，へい死した獣畜や家きんの肉・臓器・骨等，及び家畜伝染病予防法に規定する届出伝染病等になった肉は，食用にできない」とされています。

清涼飲料水は，ひ素，鉛，カドミウム，スズ，大腸菌群，緑膿菌及び腸球菌等の基準，また，氷菓，魚肉ねり製品，食肉製品，ゆでがに，生食用かき，冷凍食品，即席めん類，及び容器包装詰の加圧加熱殺菌食品については，菌数等の基準や農薬の残留基準に適合しなければ販売できなくなっています。

食品中の農薬については，食品及び農薬ごとに 1 日摂取許容量（略号：ADI）を基にした残留農薬基準[150),182)]が定められ，この基準を超えた場合には，流通禁止とされます。また，従来の農薬規制では，農薬ごとに食品への残留濃度の規制が行われてきました（ネガティブリストといいます）が，農薬や動物用医薬品・飼料添加物の種類が増え，使い方も多様になり，従来の農薬の残留基準だけでは食品の安全性確保ができなくなりました。このため，2006 年は，約 800 種類の農薬等をリストして残留基準値を定め（ポジティブリストといいます），それらの基準を超えた農作物や食品の製造・輸入と販売を原則禁止する制度ができました[150),182)]。また，残留基準値が定められていない農薬等についても 0.01 ppm 以下という一律基準が適用されることになりました。

〔2〕 **食品添加物と輸入食品の管理**　　**食品添加物**[35)]は，食品の製造過程又は食品の加工や保存の目的で，食品に添加又は混和等の方法によって使用する

もので，厚生労働大臣が定めたもの以外は使用できません。また，新しい化学物質，食品や食品添加物として利用されることがなかったもの，食経験はあっても，これまで食経験のない程度まで濃縮して飲食に供されるようなもの，及び死亡事例や劇症肝炎等の重篤な疾患が発生し，食品として利用されることがなかった未知の物質が含まれるおそれがあるものは，安全性の確証が得られるまで販売できなくなっています。

また，輸入の肉や食肉製品については，輸出国の発行した衛生証明書を検疫所へ提出しなければ輸入ができなくなっています。

さらに，「原塩，ヤシの実の胚乳を乾燥したコプラ，食用油脂の製造に用いる動物性又は植物性の原料油脂，粗糖，粗留アルコール，糖みつ，麦芽，ホップ等以外の食品を輸入する場合には，輸入届出書を出して確認を受けること」とされています。

なお，立入検査で違反が見つかった場合には，回収・廃棄と輸入の禁止又は停止が求められます。

4.6　化学物質による環境汚染の管理はどうなっているのか

4.6.1　大気汚染の管理はどうなっているのか

〔1〕　**大気汚染防止法**　日本での大気汚染を管理する**大気汚染防止法**（略称：大防法）[61],[62]は，「大気汚染に関して国民の健康を保護するとともに，生活環境を保全すること等を目的」として，1968 年に制定され，何回か改正されている法律です。この法律では，環境基本法で「人の健康を保護し生活環境を保全する上で維持されることが望ましい基準として定められた環境基準」を達成することを目標に，工場や事業場（固定発生源といいます）から排出又は飛散する大気汚染物質について，物質の種類ごと及び施設の種類と規模ごとに排出基準を定め，排出者等はこの基準以下としなければならないと定めています。

この法律では燃焼等に伴って発生する硫黄酸化物，ばいじん，及びカドミウ

ムとその化合物，塩素と塩化水素，ふっ素，ふっ化水素とふっ化けい素，鉛とその化合物，窒素酸化物を「ばい煙」と定めています。

また，ばい煙発生施設ごとに，国が定める「一律排出基準」，大気汚染の深刻な地域のばい煙発生施設に適用されるより厳しい「特別排出基準」，一律排出基準や特別排出基準でも大気汚染防止が不十分な地域で，都道府県等が条例によって定められる一層厳しい「上乗せ排出基準」，及びこれらの排出基準では環境基準の達成が困難な地域の大規模工場に適用される硫黄酸化物と窒素酸化物の「総量規制基準」が定められています。

また，「故意，過失を問わず，これらの排出基準に違反した者には刑罰を科し，違反したばい煙を継続して排出するおそれがあると認めるときには，都道府県知事等が，処理方法等の改善や施設の一時使用停止を命令できること，ばい煙発生施設を新たに設置又は構造等の変更する者は，都道府県知事等に届出し，都道府県知事等は，その内容を審査して，計画の変更又は廃止を命令できる」ことになっています。

さらに，ばい煙の排出者に対しては，つぎのことが定められています。

① 施設から排出されるばい煙量及びばい煙濃度を測定し，その結果を記録すること

② 都道府県等の職員が立ち入って，排出基準が守られているかをチェックできること

③ 排出者は，事故時にばい煙又は特定物質が多量に排出されたときには，直ちに応急の措置を講じ，復旧に努めるとともに，事故の状況を都道府県知事等に通報し，都道府県知事等は必要な措置をとるよう命じられること

ばい煙以外にも，物の合成，分解，その他の化学的処理に伴って発生する物質のうち，人の健康又は生活環境に係る被害が生ずるおそれがあるアンモニア，ふっ化水素，シアン化水素，一酸化炭素，ホルムアルデヒド，メタノール，硫化水素，りん化水素，塩化水素，二酸化窒素，アクロレイン，二酸化硫黄，塩素，二硫化炭素，ベンゼン，ピリジン，フェノール，硫酸（三酸化硫黄

を含む），ふっ化けい素，ホスゲン，二酸化セレン，クロルスルホン酸，黄りん，三塩化りん，臭素，ニッケルカルボニル，五塩化りん，メルカプタンの28物質が「特定物質」とされ，これらの排出基準が定められています。

　また，物の破砕，選別その他の機械的処理又は堆積に伴って発生し，又は飛散する粒子状物質を「粉じん」といい，人の健康に被害を生じるおそれのある物質（石綿のみ）を「特定粉じん」，その他を「一般粉じん」として，それぞれの排出基準が定められています。

　このほか，低濃度でも長期的摂取で健康影響が生ずるおそれのある物質を「有害大気汚染物質」として248物質をリストし，そのうちで優先的に対策をとるべき物質として23物質を挙げ，ベンゼン，トリクロロエチレン，テトラクロロエチレンの3物質についての排出基準が定められています。

　さらに，大気中に排出又は飛散したときに気体である有機化合物（政令で定めるメタン等を除く）を揮発性有機化合物と定め，これらが，光化学オキシダント等の原因となることから，著者も協力して，一定規模以上のVOC排出施設からの排出濃度を規制し，それ以外の施設についても自主的に排出や飛散を抑制することとされました[61),62)]。

　〔2〕　自動車排ガス規制　　日本での**自動車排ガス規制**としては，一酸化炭素，窒素酸化物，空気中で反応性が低いメタンを除く有機化合物類（非メタン炭化水素類といいます），粒子状物質（黒煙）の上限を定めた規制があり，単体規制，車種規制，運行規制が行われています。

　単体規制とは，一定条件での排気ガス濃度が基準を満たしていない車両の新車登録をさせないための道路運送車両法，及び自動車排出ガスの量の許容限度に基づく道路運送車両の保安基準による規制です[183)]。

　車種規制とは，特定地域では，一定の走行条件下での排気ガス濃度が基準を満たしていない車両の新規登録，移転登録及び継続登録をさせない規制で，自動車から排出される窒素酸化物及び粒子状物質の特定地域における総量の削減等に関する特別措置法（略称：自動車NOx・PM法）による規制[184)]です。この車種規制は何度も強化されてきました。2017年現在では，乗用車と軽自動車

については，車の重量が 1.7 トン以下の軽量車，1.7 トン 〜 3.5 トンの中量車，3.5 トン超の重量車等に分けられ，一酸化炭素，非メタン炭化水素（略号：NMHC），窒素酸化物（略号：NOx），及び粒子状物質（略号：PM）が規制されています。

なお，2016 年 〜 2019 年（平成 28 年 〜 31 年）には，ディーゼル重量車以外はエンジンが冷えた状態での濃度で規制され，ディーゼル重量車のみは，エンジンが冷えた状態に 0.14 を掛けた値と温まった状態の値に 0.86 を掛けた値の合計で規制されることになっています。

運行規制とは，車種，用途，燃料種，排ガス性能等の要件を定めて車両の運行を制限し，排ガス性能の劣る車両の流入阻止や渋滞緩和を図り，沿道の大気汚染を防止する規制です。例えば，埼玉県，千葉県，東京都，神奈川県，大阪府，兵庫県等の条例によるディーゼル車規制，及び尾瀬等の観光地の自然保護のためのマイカー規制等があります。

また，光化学オキシダントの生成には，ブテンやブタジエン等の炭素と炭素の結合が二重になっている不飽和炭化水素類やトルエン等の芳香族炭化水素類の寄与が大きいこと，ディーゼル自動車の排ガスにこれらが多く含まれていること等がわかっています。

なお最近は，エンジンの改良や排ガス浄化装置の装着，あるいはエンジンと電気モーターを組み合わせたハイブリッド車の開発と利用が進み，自動車排ガス中の有害物質は大幅に減りました。さらに，排ガスの出ない電気自動車も開発されてきています。

4.6.2　悪臭の管理はどうなっているのか

大気汚染物質のなかで，悪臭の原因となるアンモニア，トリメチルアミンなどの窒素化合物，メチルメルカプタン，硫化水素，硫化メチル，二硫化メチルなどの硫黄化合物，アセトアルデヒド，プロピオンアルデヒド，ノルマルブチルアルデヒド，イソブチルアルデヒド，ノルマルバレルアルデヒド，イソバレルアルデヒドなどのアルデヒド類，プロピオン酸，ノルマル酪酸，ノルマル吉

草酸，イソ吉草酸などの脂肪酸類，イソブタノール，酢酸エチル，メチルイソブチルケトン，及びトルエン，スチレン，キシレンなどの芳香族炭化水素等の22の特定悪臭物質，及び人間の嗅覚によって臭いの程度を数値化した臭気指数が都道府県知事等の定めた指定値を超える地域は，悪臭防止法[185), 186)]の規制対象とされています。

これらの悪臭の規制基準は，敷地境界線，気体排出口，及び排出水について定められています。また，悪臭を伴う事故の発生があった場合には，事業者が市町村に通報して，応急処置を講じる義務があり，市町村長は応急処置の命令を出せることになっています。

なお，これらの悪臭物質は，グループごとに性質がまったく異なりますので，除去方法も異なります。したがって，これらが混合したガスの浄化は，単一の方法では難しいので，臭気の中身をよく考えて浄化方法を決める必要があります。

☛ コラム 25：EU の香料規制と日本の対応の不十分さ

EU では，香料のムスクキシレンの規制やアレルゲン（アレルギーの原因物質）となる香料の成分表示が義務付けられています。

一方，日本では香料を使ったさまざまな商品が市場に出回っています。香料によってアレルギーや化学物質過敏症等になる人がいます。

例えば，著者らのアンケート調査によると，化学物質過敏症の人の8割以上が香料によって症状が出ると答えています。また，隣の家の洗濯物で気分が悪くなる人もいます。

臭覚の個人差は非常に大きいので，ある人が良い香りと感じたり，まったく感じない香りが，ほかの人にはいやな臭いや強い臭いと感じることがあります。

このようなことから，岐阜市，宇都宮市，板橋区，千葉県，岡山県，広島県などでは，香料の使用自粛等を呼びかけています。

周囲の人に不快感を与える香料の入った洗剤や柔軟剤，化粧品等の宣伝を控え，香料を使用しないようにすることが求められていますが，このような要求に，国はほとんど対応していません。

4.6.3　水域汚染の管理はどうなっているのか

〔1〕　水質汚濁防止法　　日本での水域汚染の管理は，**水質汚濁防止法**（略称：水濁法）[187],[188]で行われています。この法律は，「工場及び事業場から公共用水域に排出される水の排出及び地下に浸透する水の浸透を規制するとともに，生活排水対策の実施を推進すること等によって，公共用水域及び地下水の水質の汚濁（水質以外の水の状態が悪化することを含む）の防止を図り，もって国民の健康を保護するとともに生活環境を保全し，並びに工場及び事業場から排出される汚水及び廃液に関して人の健康に係る被害が生じた場合における事業者の損害賠償の責任について定めることにより，被害者の保護を図ることを目的」として，1970年に制定され，何回か改正されている法律です。

　この法律では，「全公共用水域を対象とする一律排水基準の設定，地方自治体の条例によってより厳しくする上乗せ排水基準の設定の権限，及び排水基準違反者に対する直罰等」が定められています。具体的には，指定された「特定施設」を設置している**特定事業場**からの公共用水域への排出と地下水への浸透を規制しています[188]。

　規制項目には，全国一律に適用される**一律排水基準**として**有害物質**とその他の項目について基準値が定められています。

　有害物質としては，カドミウム及びその化合物，シアン化合物，4種類の有機りん化合物，鉛及びその化合物，6価クロム化合物，ひ素及びその化合物，水銀及びアルキル水銀その他の水銀化合物，アルキル水銀化合物，ポリ塩化ビフェニル（略号：PCB），トリクロロエチレン，テトラクロロエチレン，ジクロロメタン，四塩化炭素，1,2-ジクロロエタン，1,1-ジクロロエチレン，シス-1,2-ジクロロエチレン，1,1,2-トリクロロエタン，1,1,1-トリクロロエタン等の有機塩素系溶剤類，1,3-ジクロロプロペン，チウラム，シマジン，チオベンカルブ等の農薬，ベンゼン，セレン及びその化合物，ほう素及びその化合物，ふっ素及びその化合物，アンモニア及びアンモニウム化合物，亜硝酸化合物及び硝酸化合物の基準が定められています。

　その他の項目としては，酸やアルカリの強さを示すpH，水中生物が必要と

する酸素の消費程度を示す生物化学的酸素要求量（略号：BOD，海域と湖への排出水以外）と化学的酸素要求量（略号：COD，海域と湖沼への排出水のみ），浮遊物質量（略号：SS），ノルマルヘキサン抽出物質（鉱油類，動植物油脂含有量），フェノール類，銅，亜鉛，溶解性鉄，溶解性マンガン，クロム，環境大臣が指定する湖沼に流入する排水についての窒素とりんの含有量及び大腸菌群数が定められています。

ただし，規制の対象は，排水量が1日平均50 m^3 以上の特定施設で，これ未満の施設は規制されていません。

さらに，東京湾，伊勢湾，瀬戸内海を水の交換がしにくい**閉鎖性水域**と定め，これらに排水が流入する地域の特定施設については，窒素，りん，COD等の総量が一定値以下となるような濃度の規制が行われています。

また，都道府県等の条例によって，より低い濃度の上乗せ基準や法規制以外の項目についての横出し基準による規制等が行われています

〔2〕水　道　法　　日本での水道水の管理は，**水道法**[151]で行われています。この水道法は，「水道の布設及び管理を適正かつ合理的ならしめるとともに，水道を計画的に整備し，及び水道事業を保護育成することによって，清浄にして豊富低廉な水の供給を図り，もって公衆衛生の向上と生活環境の改善とに寄与することを目的」として，1957年に制定され，何回か改正されている法律です。

この水道法では，病原生物，シアン，水銀，その他の有毒物質を含まないこと，銅，鉄，ふっ素，フェノールその他が許容量を超えて含まれないこと，異常な酸性やアルカリ性，臭味がなく，無色透明であることとされています。

化学物質の濃度については，49項目の「基準値」のほかに，農薬類を含めた「管理目標値」が定められています。

また，日本の水道水は，病原菌による汚染を防ぐため，残留性のある殺菌剤（消毒剤）である塩素剤（次亜塩素酸塩など）を加えることになっています。この塩素剤には殺菌作用とともに，有機汚染物質と反応する特性があり，さまざまな**有機塩素化合物**を生成させてしまいます。このため，生成物質のうち

で, 明確に発がん性のあるクロロホルムとその仲間のトリハロメタン類については, 基準値が定められました。

しかし, このトリハロメタン類以外にもいろいろな有機ハロゲン化合物が生成し, それらの合計濃度を全有機ハロゲン (略号：TOX)[189)-191)] といいます。ヨーロッパでは, この TOX の基準値がある国もあり, 著者も TOX による規制の推奨と測定器[190)] の開発をしましたが, 日本では TOX の基準値はありません。

4.6.4　土壌汚染の管理はどうなっているのか

〔1〕　**土壌汚染対策法と汚染化学物質**　　土壌が有害物質で汚染されていると, 土壌を直接摂取することや有害物質が溶け出した地下水を飲用することなどによって, 人の健康に影響を及ぼすおそれがあります。日本での土壌汚染の管理は, **土壌汚染対策法** (略称：土対法)[192)] で行われています。この法律は,「土壌汚染の状況の把握に関する措置及びその汚染による人の健康被害の防止に関する措置を定めること等により, 土壌汚染対策の実施を図り, もって国民の健康を保護することを目的」として, 2002 年に制定され, 何回か改正されている法律です。この法律では, 以下のことが定められています。

① 汚染の可能性のある土地の調査義務, 都道府県知事による土壌の汚染状態が基準に適合しない土地の指定と公示, 指定区域の台帳閲覧

② 指定区域で人の健康被害が生ずるおそれがあるときの当該土地 (要措置区域といいます) の所有者等に対する汚染の除去等の措置命令

③ 汚染原因者が不明の場合の土地所有者等への汚染除去命令

④ 命令によって汚染除去等をしたときの土地所有者等からの汚染原因者に対する費用請求

⑤ 指定区域内の土地 (形質変更届出区域といいます) の形質変更者の届出

⑥ 施行方法が基準不適合のときの計画変更命令

⑦ 申請によって技術的能力を有する調査機関の環境大臣による指定

⑧ 汚染の除去等を行う者に対する助成や調査等についての助言, 普及啓発等の業務を行う指定支援法人の基金の設置等の必要事項の決定

この法律は，汚染土壌が以下の3種類に分けられています。

① クロロエチレン，四塩素炭素，1,2-ジクロロエタン，1,1-ジクロロエチレン，シス-1,2-ジクロロエチレン，1,3-ジクロロプロペン，ジクロロメタン，テトラクロロエチレン，1,1,1- と 1,1,2-トリクロロエタン，トリクロロエチレンなどの11種類の有機塩素系溶剤類に，ベンゼンを加えた12種類の揮発性有機物質（**第一種特定有害物質**）が「溶出試験」で所定濃度以上となる土壌

② カドミウム及びその化合物，六価クロム化合物，シアン化合物，水銀及びその化合物，セレン及びその化合物，鉛及びその化合物，ひ素及びその化合物，ふっ素及びそれらの化合物，ほう素及びその化合物（**第二種特定有害物質**）の9種類の重金属等が「溶出試験」で所定濃度以上となる土壌と含有量試験で所定量以上となる土壌

③ シマジン，チオベンカルブ，チウラム，PCBと4種類の有機りん系農薬（**第三種特定有害物質**）が「溶出試験」で所定濃度以上となる土壌

〔2〕 **要措置区域と形質変更時要届出区域**　　特定有害物質を使用する特定施設の使用を廃止する場合，3 000 m² 以上の土地の形質変更の届出をする場合，及び土壌汚染のおそれがあると都道府県知事等が認める場合には，土地所有者等（所有者，管理者又は占有者）が指定調査機関に調査を行わせ，その結果を都道府県知事等に報告すること，及び自主調査において土壌汚染が判明した場合にも土地所有者等が都道府県知事等に区域の指定を申請できると定められています。ただし，自主調査で汚染が見つかっても結果の報告や指定の申請をする義務はありません。

　さらに，汚染土壌の搬出等については，「**要措置区域**」内と「**形質変更時要届出区域**」内の土壌の搬出についての事前届出，計画の変更命令，運搬基準や処理の委託義務に違反した場合の措置命令等の規制，汚染土壌に係る管理票の交付と保存の義務，汚染土壌の処理業の許可制度と処理基準，及び改善命令や廃止時の措置義務が定められています。

　なお，要措置区域とは，土壌汚染の摂取経路があり，健康被害が生ずるおそ

れがあるため，汚染の除去等の措置が必要な区域のことです。この要措置区域では，都道府県知事等が，土地の汚染状態と利用の仕方に応じて，地下水の水

> **🐛 コラム26：東京都築地市場移転候補地の豊洲の土壌汚染問題を参考に**
>
> 　東京都の生鮮食品卸売市場の築地市場が，狭く，使い勝手も悪くなってきたために豊洲地区への移転が決定され，一部の施設の建設が行われました。この豊洲地区は東京ガスの工場跡地であることから，土壌や地下水の汚染があったため，東京ガスが調査と浄化対策を行い，浄化されたということで東京都が市場建設予定地として購入した土地です。しかし，その後の東京都の調査で汚染地点が多数見つかったために，東京都が追加の浄化対策を行いましたが，その後も，きれいな土で埋められているはずの建屋下に地下水が溜まった空洞が見つかりました。これに対して，都の担当者が，建物下も埋められていると虚偽の説明をしたり，溜まった水は雨水であるなどと根拠のない責任逃れの主張をしました。
>
> 　さらに，その後の調査でも地下水から環境基準値を超えるシアンやひ素だけでなく，大幅に環境基準値を超えるベンゼンが検出され，東京都の信用は完全に失墜しました[193),194)]。
>
> 　なお，環境基準値は地下水を飲料水として利用することを考えて設定された値であり，豊洲地区では，汚染した地下水を飲料水や生鮮食品の洗浄等に利用することは今後ともないとされていますので「安全」と考えられます。しかし，市場関係者や都民には，この基準値の正確な意味は理解しにくく，今後数十年間も食品を扱う場所としては「安心できない」，「ふさわしくない」との意見が多く出されました。特に，ベンゼンは基準値の超過率が大きく，揮発性もあるので大きな問題にされました。
>
> 　ある区域の土壌の汚染状態を完全に把握し，完全に浄化することは非常に難しいことです。このことをふまえた上で，汚染の疑いのある土地を利用する場合には，詳しい調査を行い，正直に情報を開示し，使用目的に適しているか否かをオープンに議論して誠実に対応する（リスクコミニケーションの基本）ことが必要です。
>
> 　しかし，豊洲地区について，東京都はこのリスクコミュニケーションに失敗してしまいました。今後，この例を参考にして，リスクコミュニケーションの失敗を繰り返さないようにすることが重要です。

質の測定や封じ込め等の汚染の除去等の措置を指示することになります。また，土地の形質変更は原則禁止され，要措置区域等から汚染土壌を搬出する場合には，搬出に着手する日の 14 日前までに，都道府県知事等に届け出る義務があり，汚染土壌の運搬には，運搬基準の順守と管理票の交付・保存の義務があります。さらに，汚染土壌処理業者は，都道府県知事等の許可が必要です。

一方，形質変更時要届出区域とは，土壌汚染の摂取経路がなく，健康被害が生ずるおそれがないため，汚染の除去等の措置が不要な区域（摂取経路の遮断が行われた区域を含む）で，土地の掘削や造成等の「形質変更」を行うときには，都道府県知事等に計画の届け出る義務がある区域のことです。すなわち，形質変更をしなければ，汚染していても届け出る必要がない区域です。

環境省[195]によると，2014 年度での要措置区域が 84 区域，形質変更時用届出区域が 448 区域あるとされています。

ただし，調査されていない土地も少なからずあると推定されています。

なお，環境大臣より指定された（公財）日本環境協会が，土壌汚染対策基金の管理を行い，土壌汚染の除去等の措置を講ずる者に対して助成を行う都道府県等へ助成金の交付，及び土壌汚染状況調査や汚染の除去等についての照会と相談，助言，土壌汚染についての知識の普及・啓発業務等を行っています。

4.6.5 海洋汚染の管理はどうなっているのか

日本での海洋汚染の管理は，海洋汚染等及び海上災害の防止に関する法律（略称：**海洋汚染防止法**）[196]で行われています。この法律は，「海洋汚染等及び海上災害を防止し，あわせて海洋汚染等及び海上災害の防止に関する国際約束の適確な実施を確保し，もって海洋環境の保全等並びに人の生命及び身体並びに財産の保護に資することを目的」として，1970 年に制定され，何回か改正されている法律です。

この法律では，船舶，海洋施設及び航空機から海洋に油や有害液体物質等及び廃棄物を排出すること，海底の下に油や有害液体物質等及び廃棄物を廃棄すること，船舶から大気中に排出ガスを放出すること，並びに船舶及び海洋施設

で油や有害液体物質等及び廃棄物を焼却することを規制しています。

　また，この法律では，廃油の適正な処理を確保するとともに，排出された油や有害液体物質等及び廃棄物その他の物の防除，海上火災の発生と拡大の防止，海上火災等に伴う船舶交通の危険の防止のための船舶の海洋汚染防止設備や海洋汚染防止緊急措置手引書等，大気汚染防止検査対象設備や揮発性物質放出防止措置手引書の検査等，廃油処理事業，海洋の汚染及び海上災害の防止措置，指定海上防災機関，罰則，及び外国船舶に係る担保金の提供による釈放も定められています。

4.6.6　廃棄物の管理はどうなっているのか

　日本での廃棄物（ごみ）の管理は，廃棄物の処理及び清掃に関する法律（略称：**廃棄物処理法**又は**廃掃法**）[63),64)]で行われています。この法律は「廃棄物の排出を抑制し，及び廃棄物の適正な分別，保管，収集，運搬，再生，処分等の処理をし，並びに生活環境を清潔にすることにより，生活環境の保全及び公衆衛生の向上を図ることを目的」として，1970年に清掃法を全面的に改正して制定され，その後，何回か改正されている法律です。

　この法律の施行令[64)]では，ごみ，粗大ごみ，燃え殻，汚泥，ふん尿，廃油，

> ### ☛コラム27：レジ袋を1枚50円程度以上に
> 　数十年前に買い物に行くお母さんたちは買物カゴや買物袋を持って行きました。この買物カゴのデザインがおしゃれの一つでした。
> 　しかし，コンビニエンスストアの普及などもあり，手ぶらで買物ができる気軽さからレジ袋の利用が普通になり，いろいろなところにレジ袋が捨てられるようになってしまいました。
> 　このため，最近は，レジ袋や買物袋を持ってくる人を増やすために，レジ袋を有料化している店もでてきました。しかし，1枚3円〜10円以下の現状では，効果が不十分です。効果を上げるためには，1枚50円程度以上にして，その収入分を袋を持ってきた人の購入価格から割引くようなこと，特にコンビニで有料にすることも必要といわれています。

廃酸, 廃アルカリ, 動物の死体その他の汚物又は不要物であって, 固形状又は液状のもの（放射性物質とその汚染物を除く）を「廃棄物」と定義しています。また, 事業活動に伴って生じた廃棄物のうち, 燃え殻, 汚泥, 廃油, 廃酸, 廃アルカリ, 廃プラスチック, その他政令で定める廃棄物を「産業廃棄物」, これ以外の家庭等から排出される「一般廃棄物」とし, それぞれの収集・運搬, 及び処分方法等を定めています。

さらに, 特定の廃油, 廃酸, 廃アルカリ, 及び病原菌等に汚染されている可能性のある感染性廃棄物, 廃PCB, PCB汚染物, PCB処理物, 廃水銀等, 指定下水汚泥, 鉱さい, 廃石綿等, 特定の燃え殻, ばいじん, 汚泥を「特別管理産業廃棄物」と定めています。また, この特別管理産業廃棄物の排出事業者に対しては, 管理責任者の選任など, 特別な管理及び処理方法を義務付け, 焼却等による無害化処理施設の許可や維持管理の基準, 違反者への罰則等を定めています。

ごみを減らすためには, ごみを減らす「リデュース」, ごみをそのまま再利用する「リユース」, ごみを資源として再利用する「リサイクル」の3Rが進められてきました。しかし, 最近は, ごみになるものの受取りを断る「リフューズ」を加えた4Rが必要とされています。例えば, 不要な過剰包装や必要以上のレジ袋などを断るようにすることが重要とされています。

特に, 3.3.2項に述べたように, プラスチック廃棄物が海洋生物にさまざまな悪影響を与えていますので, プラスチックについては, 新しく思い切った経済的措置などが必要です。

4.6.7　環境へ排出される未規制化学物質等の管理はどうなっているのか

化学物質が広く使用され, 多くの未規制化学物質が大量に排出・廃棄されていたことから1999年に「特定化学物質の環境への排出量の把握等及び管理の改善の促進に関する法律」が制化され[3], 事業者は, 指定の物質の排出量・移動量を国に届け出ること（略号：**PRTR**）が義務付けられました。この法律の対象は, 2010年度分からは462種類を年間1トン以上（発がん性のある15物

質は年間0.5トン以上）取り扱っている事業所となりました。

また，国はその届出を集計するとともに，届出対象外の排出源（非対象業種，小規模事業所，家庭，自動車など）からの排出量を推計し，これを公表し，現在は，個別事業所の届出量も公表されるようになりました。

さらに，一部の地方自治体では，PRTR法と同等の条例などが制定され，あるいは対象物の追加等が行われています。また，地方自治体が独自に集計・推計したデータの公表も行われています。

これは，規制ではなく，情報公開によって，化学物質の環境への排出を抑制するという新しい制度ですが，化学物質の排出量はあまり減っていません。

4.6.8　化学物質等による被害者の救済等はどうなっているのか

工場から排出された硫黄酸化物，窒素酸化物ガス，水銀，カドミウム，石綿（アスベスト）などの化学物質によって明確な被害が出ました。このため，被害者に対して，これらの発生企業が**被害者の救済**と補償を行うことになり，関連した法律もできました[78),81),122)]。

ただし，補償対象の被害者の範囲と，補償内容について不十分であるとの指摘も出されています。

例えば，石綿（アスベスト）の被害は，曝露後数十年経って現れるとされていますので，石綿を使った建築物の解体が今後増加することによる被害の把握や補償などが懸念されています。

4.6.9　リサイクル品の管理はどうなっているのか

リサイクルに関する法律には，使用済自動車の再資源化等に関する法律（通称：自動車リサイクル法），特定家庭用機器再商品化法（通称：家電リサイクル法）をはじめ，容器包装リサイクル法，建設工事に係る資材の再資源化等に関する法律（通称：建設リサイクル法），資源の有効な利用の促進に関する法律（通称：資源有効利用促進法）等があります。これらでは，重金属等の有害物質が一定以上含まれないように管理することが必要とされています。

5

化学物質管理の
これまでとこれから

これまでの章で，化学物質のプラス面とマイナス面を示し，マイナス面を管理するための法律などについてまとめました。この章では，生命の歴史のなかでの合成化学物質の位置付けを再確認した上で，マイナス面を管理する方法を示し，さらに新しい方向を提案しました。

5.1　化学物質管理のこれまでと改善方法

5.1.1　生命と合成化学物質のこれまで

地球が生まれたのは約 47 億年前とされ，**図 5.1** に示したように，約 35 億年前に藻（プランクトン）や細菌（バクテリア）等の生命が生まれ，約 170 万年前に人類の祖先のジャワ原人が生まれ，約 20 万年前に現代人の祖先（ホモサピエンス）が生まれたといわれています。細菌などが生まれてからいままでを 1 年間に例えると，現代人の祖先が誕生したのは 12 月 31 日の 23 時 30 分ころになります。現代人の祖先は，生き物のなかでは「超新参者」なのです。

さらに，化学物質に囲まれた生活をしている私たちは，この超新参者のなかでも最近の 100 年弱，細菌などが生まれてからいままでを 1 年間に例えると 0.9 秒程度の極々瞬間を生きていることになります。

一方，1939 年に，アメリカのデュポン社がナイロンの工業生産を開始したときには，カイコからつくられる絹と同じようなものが石油からできたということで，社会に大変な衝撃を与えました。これが本格的な石油化学時代，**合成化学物質時代**の始まりですが，わずか 80 年程度前のことです。現代人の祖先

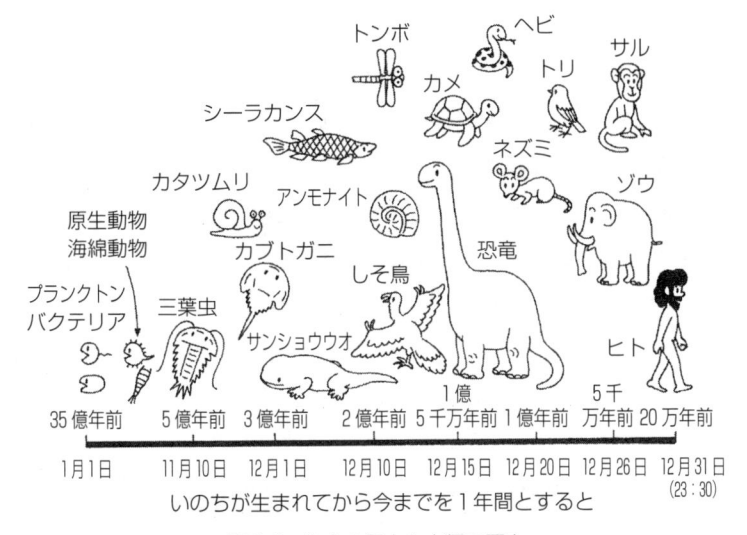

図5.1　生命の歴史と人類の歴史
〔浦野紘平，浦野真弥：地球環境問題がよくわかる本，
オーム社（2017）p.3 より〕

が生まれてからいままでを1年間に例えると，ナイロンが生まれたのは，12月31日の20時30分ころになります。さらに，生命の誕生からの考えるとわずか0.6秒程度のほんの一瞬前です。すなわち，ほんの一瞬前から，多くの生物がきわめて多種多様な合成化学物質に曝されるようになり，これらの合成化学物質に対応できない人や生物が被害を受けるようになりました。

　汚れた環境で生きてきた人類は，さまざまな化学物質を分解する酵素を持っている人が多いのですが，北極や南極に近い地域等のきれいな環境で生きてきたアザラシやシロクマ等は，さまざまな化学物質の分解酵素を持たないために，大きな影響を受けます。

　また，人でも個人差があり，特定の化学物質群の分解酵素を持たない人がいます。例えば，お酒に極端に弱い人は，お酒のなかのエチルアルコールからできるアセトアルデヒドを分解する酵素を持っていません。このため，お酒を飲むとアセトアルデヒドが体のなかに溜まって中毒症状を示して倒れたり，場合によっては死んでしまいます。ほかの化学物質についても非常に弱い（敏感

な）人や生物がいます。また，化学物質の臭いに非常に弱い人もいます。

　便利さや安さのために，合成化学物質を必要以上に多用したり，安易に捨てることがないようにする必要があります。また，敏感な人や敏感な生物に対しても悪影響がないように考慮し，どのような合成化学物質を製造・販売し，購入，使用，廃棄し，どのように管理していくのか，すなわち，化学物質とどのように付き合っていくかを，しっかりと考えることが重要になっています。

　なお，天然の化学物質の多くは，長い地球の歴史のなかで分解できる細菌が育ち，自然の物質循環のなかに入ります。しかし，ここ数十年の間に生まれた合成化学物質のなかには，細菌によって非常に分解されにくいものもあります。

　合成プラスチックも分解しにくいのですが，農薬のジクロロジフェニルトリクロロエタン（略号：DDT）やベンゼンヘキサクロライド（略号：HCH又はBHC），2,4-ジクロロフェノキシ酢酸（略号：2,4-D），及びPCB，あるいはトリクロロエチレンやテトラクロロエチレンなどの有機塩素系溶剤，ベンゼンとその仲間の芳香族化合物などは，特別な条件での特別な細菌でないと分解・無害化されないために，人や野生生物に蓄積して問題を起こしました。

　特別な条件で特別な細菌を増やして合成化合物質を分解・無害化する技術も開発されていますが，特別な細菌を持続的に働かせるのはとても大変です。このため，最近は，自然界にいる細菌などで分解しにくい化学物質の製造や利用を規制することも考えられるようになってきました。

5.1.2　化学物質管理に関連する法律を体系付けよう

　化学物質の管理については，すでに示した図4.1のようにさまざまな法律があります。

　しかし，各法律の適用範囲は管轄省庁によって決められ，根拠とする毒性情報や改正時期もばらばらです。一方，化学物質を利用したり，影響を受ける人は，必ずしも各省庁の管轄ごとに分かれているわけではありません。

　例えば，農薬の製造・使用は，おもに農林水産省が管轄し，食品中の残留農

薬は，おもに厚生労働省が管轄し，流通段階の農薬規制は，地方自治体が管轄し，農薬による周辺環境の汚染は，おもに環境省が管轄し，農薬と同じ成分が工業的に製造・利用される場合には，経済産業省が管轄しています。

　このため，管轄の隙間で問題が起こることがあります。例えば，有機塩素系農薬に不純物としてダイオキシン類が含まれ，これが全国の水田等にまかれ，環境を汚染していることなどは，経済産業省，農林水産省，環境省，厚生労働省などの各管轄官庁の隙間で起きた問題で，十分な対応ができていません。

　また各法律で，用語が統一されていないために，混乱を招いていることもすでに述べました。

　このような現状を改善するために，従来の法律を統合する**化学物質管理基本法**（仮）を制定し，用語の統一を図り，相互関係の整理と不足部分を補充する必要があると考えられます。このため，化学物質政策基本法制定ネットワーク[197]が設立され，基本法の原案も作成されていますが，省庁の壁があって実現していません。

　また，化学生物総合管理学会[198]も設立されていますが，あまり知られていません。

5.1.3　化学物質による被害防止対策を強化しよう

　化学物質による人や野生生物のさまざまな被害を防止するためには，各管轄省庁が，従来の法律で被害防止対策の強化を図ることはもとより，個別管轄省庁を跨いだ対応が必要です。特に，農民，工場労働者，化学物質過敏症被害者，火災・爆発の被害者，さらに，レジ袋を飲み込んだり，子どもが健全に産まれなくなるなどの野生動物のさまざまな被害の状況をまとめること，人間や野生生物の被害の原因を総合的に評価して公開する機関を設けることなどが必要です。

　特に，省庁の枠を越え，地方自治体と消費者団体や市民団体等を含めて，相互に批判や責任逃れをすることなく，化学物質被害の情報を共有し，国際的な視点を持って，建設的な意見を交換し，協力して根本的な対策を実施できる制

度をつくることが重要です。

　例えば，海洋汚染防止のために，米国のカリフォルニア州では 2014 年にレジ袋禁止法が成立し，EU でも 2025 年までにレジ袋を 1 人当たり 40 枚以下にするとしていますが，日本では 1 人当たり約 300 枚も使われているままで，規制がないことについて，関係者が協力して対策をとることなどが必要です。

　また，事故はもとより，事故に至らなかった，いわゆるヒヤリ・ハット事例，及び化学物質による被害事例については，当事者には公開したくないという意識が働きがちですが，情報の共有と意見交換によって，被害の再発防止対策を進めることがきわめて重要です。

　このような情報共有や意見交換を可能とするためにも，新しい化学物質全体を管理する基本法（仮称：化学物質政策基本法）の制定[197]と NGO などの意見も反影した適切な運用が有効になると考えられます。

5.1.4　化学物質を避ける人が増えていることにしっかり対応しよう

　化学物質，特に臭いのある香料等を含む揮発性有機化合物（略号：VOC）を感じると，気分が悪くなり，できるだけ化学物質を避ける**化学物質忌避者**が確実に増えてきています。これは，化学物質が急増していることやアレルギー患者が急増していることに対する本能的な不安によるとも考えられています。特に，胎児や乳幼児に対する悪影響が懸念されています。この不安や懸念が，杞憂なのか，実際に悪影響があるのかについては，不明な点が多くあります。

　このため，環境省は，2011 年 1 月から準備を始め，2027 年まで，全国 15 地域，10 万組の子どもたちとその両親を対象にした調査（出生コーホート調査といいます）である「子どもの健康と環境に関する全国調査」（通称：エコチル調査）[96]を行っています。この調査では，妊娠中の母親から，産まれた子どもが 13 歳になるまでの健康状態を，質問票への記入や血液，尿，毛髪等の採取と提供によって，定期的に調べることになっています。2015 年に，103 106 人の母親の参加が決まり，勉強会や報告会も開催されています。

　このエコチル調査の全体の流れは，**図 5.2** のようになっています。また，国

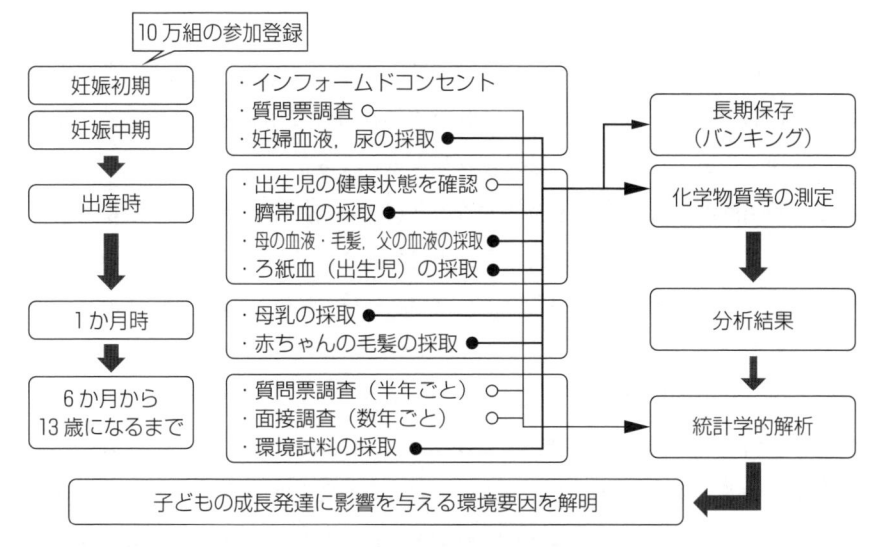

図 5.2 エコチル調査の全体の流れ

際的な共同プロジェクトも進められています。

　エコチル調査の結果がどのようになるのか，調査結果が国の政策や業界の対応及び国民の行動にどうつながるのかについては，今後の検討によります。

　しかし，調査途中でもこのような大規模な調査の成果を生かした対策等が期待されています。

5.2　これからの新しい方向

5.2.1　予防原則を徹底し，リスク認知を正しく理解しよう

　化学物質のマイナス面としては，明らかな病気や死亡につながるもの以外に，アレルギー，免疫低下，奇形の増加など，次世代（子孫）への悪影響も疑われています。これらの悪影響の原因は，必ずしも化学物質による直接的な影響だけではないこともありますが，間接的な影響，複合的な影響については，明確に証明することはとても難しいことです。このため，いままでは，おもに被害が明確に証明された化学物質が規制されていました。

しかし，この方法では，水俣病の例のように，被害が広がってから原因が判明し，後追いの規制になります。この問題を改善するため，最近は，間接的影響や複合的影響の可能性があるとされた化学物質の使用範囲や使用方法を予防的に管理することが国際的に求められてきています。

この**予防原則**による管理を徹底することによって，数十年前から急増した化学物質による人や野生生物の被害を最小化するという国際的な取り組みである国際的化学物質管理に関する戦略的アプローチ（略号：**SAICM**）[173]の目的が達せられることになります。この SAICM では，化学物質によってなんらかの被害を生じる可能性の程度を，いくつかの前提（仮定）の基に自然科学的・工学的に推計した「リスク評価」によることになっています。このリスク評価は，化学物質の毒性と摂取する可能性（確率）によって決まり，評価結果が絶対視されやすいのですが，毒性や摂取する可能性にも不確実性があります。したがって，リスク評価の結果にもある程度の不確実性（幅）があることに注意が必要です。

一方，一般市民などが化学物質によってなんらかの被害を生じる可能性を，どの程度感じるかを**リスク認知**といいます。このリスク認知は，リスク評価の結果だけではなく，社会の成熟度，影響の深刻さ，避けられるリスクであるか否か，あるいはマスコミ報道などによって大きな影響を受けます。

例えば，食料がない国では慢性毒性に対するリスクはあまり認知されません。一方，日本をはじめとする先進国では慢性毒性や生殖毒性のリスクに大きな関心があります。

また，リスク評価結果だけでなく，避けられるリスクは小さなリスクでも避けたいと考えられることも十分に考慮する必要があります。

しかし，自然科学・工学系の専門家はリスク認知をあまり考慮せず，リスク評価結果だけで判断しがちなために，一般市民の感覚とずれ，化学物質による問題の解決を遅らせる原因になります。例えば，築地市場の豊洲移転問題でもこのようなずれがみられます。

5.2.2　化学物質の毒性や物性に関する情報をわかりやすく伝えよう

　合成化学物質のない社会には戻れないことは明らかです。したがって，合成化学物質の人や**野生生物に対する毒性**を知って，毒性の高い物質の量や利用方法を制限することが重要になります。

　人に対する毒性については，The National Institute for Occupational Safety and Health（略号：NIOSH）[199]が作成した収録数約 18 万件以上の医薬品や農薬を含めた商業上重要な化学物質の毒性等に関するデータベースがあります。

　また，日本の医薬品については，（独）医薬品医療機器総合機構[200]が，厚生労働省から発行された「医薬品・医療機器等安全性情報」を電子化して提供しています。

　一方，人間以外の生物に対する毒性については，日本でも環境省と経済産業省が試験した結果が公開[201]されていますが，データ数が多いのは，アメリカ環境保護庁（略号：U.S.EPA）の **ECOTOX データベース**[202]です。この ECOTOX データベースは，環境の調査や研究に有益な情報を提供することに加えて，工業製品や農薬，金属類の評価，排水の環境影響評価，あるいは環境モニタリングデータの評価にも用いられています。このデータベースは，水生生物に対する毒性データを集めた AQUIRE，陸生植物に対する毒性データを集めた PHYTOTOX，野生生物に対する毒性データを集めた TERRETOX の三つのデータベースから構成されています。

　ただし，インターネット上の検索システムは，これらの三つのデータベースを統合して構築されているため，各データベースに分けて検索することはできません。また，世界中の毒性データを精査することなく収録しているため，明らかに異常値と考えられる値も少なくありません。したがって，元情報源を確かめること，いくつかの毒性データを比較すること，単位の間違い等がないことを確認するなど，十分に注意して利用することが必要です。

　また，これらの毒性データベースを正しく理解するには，用語も含めて，ある程度の専門的な知識が必要です。このため，多くの人に毒性情報をわかりやすく伝える工夫，及び毒性情報を加工して利用しやすくするツールの充実が重

要になります。

　著者らが代表と幹事を務めている**エコケミストリー研究会**[152)]では，PRTR 対象の 462 の化学物質についての用途等や毒性情報を，世界中の信頼できる情報源から入手し，わかりやすい形で公表しています。

　例えば，毒性の強さは桁が異なり，また曝露のされ方も異なるので，多くの毒性情報から吸入毒性（大気経由毒性）の強さ，経口毒性（水経由毒性）の強さ，水生生物に対する毒性の強さを求め，これらから，環境基準値が定められていないものについても，守られることが望ましい**人に対する大気環境管理参考濃度**，**人に対する水域環境管理参考濃度**，**水生生物に対する水域管理参考濃度**を算出して，その逆数（毒性重み付け係数といいます）を**図5.3**のような棒グラフで定量的に示しています。

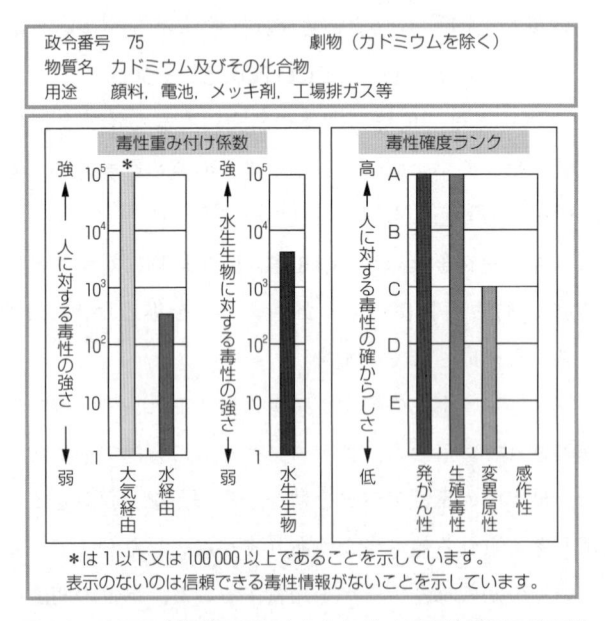

図5.3　PRTR 対象物の用途とわかりやすい毒性情報の公開例

　さらに，発がん性，生殖毒性，がんや突然変異などに関連する細胞を用いた試験での変異原性，及びアレルギーを誘発する感作性についても，毒性の確からしさのランク（**毒性確度ランク**といいます）を棒グラフで示しています。

5.2.3　化学物質のリスク情報をわかりやすく伝えよう

　化学物質そのものに危険性や毒性があっても，必ずしも，火災や爆発が起きたり，健康被害が出るわけではありません。火災や爆発が起きたり，健康被害が出る「可能性の大きさ」を化学物質のリスクといいます。この化学物質のリスクを減らすためには，化学物質自体の危険性や毒性（ハザードといいます）とともに，化学物質による被害事例及びその被害原因の解析を行い，取扱方法とリスクの大きさとの関係についての情報を収集することが不可欠です。また，それらの情報を整理し，リスクの大きさを，だれもがわかりやすいグラフやランク記号等として伝達することが重要です。

　例えば，被害を発生させた化学物質やそれらを含んだ製品について，事故数をグラフ等で示すことや，できるだけ火気に近づけない，ほかのものと混ぜない，できるだけ開放しない，直接手で触れない，吸い込まない，口に入れたり，なめたりしない等の安全な取扱方法について，GHS の表示をふまえて一層わかりやすい表示をすることも有効です。

　特に，学校教育で化学物質の便利さ（貢献）と被害の可能性（リスク）についてわかりやすく教育することが必要です。

　例えば，**毒性**や**物性**，及び**リスク**などの根拠情報の情報源を分類・整理し，一覧表等の利用しやすい形にした上で，関心のある生徒・学生，市民団体，消費者団体，及び一般市民に提供し，適切な利用方法を周知することも必要です。

　また，化学の知識をあまり持たない作業者や一般市民，あるいは乳幼児に対しても配慮した情報を発信する工夫も重要です。

5.2.4　化学物質の悪影響の削減を目指したさまざまな活動を支援しよう

　化学物質の悪影響を減らすための活動には，業界の活動と市民等の活動があります。業界の活動としては，The International Council of Chemical Associations（略号：**ICCA**）[203]が，化学物質の開発から廃棄にいたるすべての過程において，化学物質は取り扱いを間違えると環境や人体に有害となる場合があるとの

認識から，自主的に環境・安全・健康面の対策を行う企業活動の成果を公表する**レスポンシブル・ケア**（略号：RC）活動を進めています。

特に，**（一社）日本化学工業協会**（略称：日化協）[5]は，RC 推進部を設け，RC 活動の質を高め，活動に対する説明責任を果たすための RC 検証を実施しています。この検証事業は，2002 年に開始され，日本化学工業協会 RC 委員会の下部組織であるレスポンシブル検証センターが行っています。

また，合成化学物質の安全については，おもに合成化学物質管理委員会が担当し，国内外の規制への対応，産業界の自主的取組みの推進，及び会員への支援強化等を行っています。例えば，新たな課題への対応として，ナノマテリアルや内分泌かく乱の可能性がある物質についての内外の動向に関する情報の収集と提供，及び OECD の各種試験ガイドラインあるいはガイダンスの新設や改訂についての情報の提供等を行っています。さらに，毒性の強さを化学物質の構造や物性等から推計する方法（略号：**QSAR**）についてのセミナー，国内外の曝露評価手法開発の動向把握と複合曝露の調査，あるいは OECD のテストガイドラインや国内合成化学物質規制への技術的な対応，アジア各国における国際的な取組みである ICCA のグローバルプロダクト戦略（略号：GPS）を中心としたリスク評価手法や GPS 安全性要約書作成の指導と普及，及び専門家育成のための支援，会員企業のアジアでの事業展開の支援等を進めています。

化学物質管理に関係する**市民等の活動**もいくつかあります。例えば，1987 年に，琵琶湖を守る粉石けん使用推進県民運動県連絡会議（後の「びわ湖会議」）を基礎にして，せっけん運動ネットワーク[204]が設立され，地域生協，大学生協，NPO，市民団体等の参加で活動しています。このネットワークは全国 6 ブロックのネットワークで，合成洗剤問題の研究と石けんの改良や普及にとどまらず，化学物質問題に広く目を向け，飲料水の水質調査等の活動を行なっています。

1998 年には，女性弁護士を中心に，ダイオキシン・環境ホルモン対策国民会議[113]が結成されました。この国民会議は，「ダイオキシン・環境ホルモン汚

染が，人類だけでなく，地球上のあらゆる生物の種の存続の危機を招くおそれがあるので，この危機をなんとか避けたい，子どもたちの未来を取り戻したいとの思いから，人々が利害や立場を超えて結集し，知恵を出し合って適切な化学物質管理政策を提言することにより，広く世論を喚起して，政府に有効な対策を実現させることを目的」として形成された団体です。2009 年に NPO 法人となり，化学物質についての政策の提言と推進，ほかの NGO との情報交換と協力の推進，調査研究，相談活動，シンポジウムの開催，講演会や学習会の開催と講師派遣，ニュースレターの発行等を行っています。

2002 年には，「PRTR 情報及び関連情報を市民にわかりやすく提供するとともに，市民活動の支援を行うことにより，化学物質による環境リスクの削減を促進することを目的」とした**有害化学物質削減ネットワーク**（略称：**T ウォッチ**)[205]が設立され，2004 年に NPO 法人になりました。この T ウォッチでは，「有害化学物質による環境リスクの削減に向けた市民の自主的・自立（律）的な活動が可能となること，有害化学物質の地球的な規模での削減のため，海外の NGO とネットワーク化すること，及び有害化学物質に関する現行の法制度の見直しや有害化学物質に関する総合的・統括的な管理を目的とした政策の立案と提言を行うこと等を目的」として活動しています。

例えば，2003 年 5 月から毎年，国から開示された事業者からの PRTR 届出排出量及び温室効果ガス排出量を検索できる市民向けのウェブサイトを構築すること，エコケミストリー研究会やその他の関連団体と連携し，ウェブサイト上の PRTR 情報の活用と充実を図ること，PRTR 制度や諸外国における類似制度及びリスクコミュニケーション等について理解を深め，活用を可能とするための学習会やシンポジウムの開催や講師の派遣等の普及開発活動に取り組むこと，会員間の情報の伝達・共有化のために電子会議を開催すること等に取り組んでいます。

2015 年には，「さまざまな環境活動に携わる多くの仲間とつながり，これまで積み重ねてきて経験と英知を結集し，危機的状況にある地球環境を保全し，持続可能で豊かな社会構築に向けた大きなうねりを日本社会に巻き起こすこと

を目的」に，環境関連の NGO，NPO，市民団体等の全国ネットワークとして**グリーン連合**[206]が設立されました。このグリーン連合の設立趣旨には，「国連人間環境会議が開催されてから43年，地球サミットから23年が経過し，様々な対策がとられ，地域での環境保全活動，国や地球レベルでの環境政策に対する提言活動等，様々な活動を展開する環境 NPO・NGO 等が数多く誕生し，行政や企業とは異なる立場と専門性を活かして活動していますが，地球温暖化に伴う気候変動の激化による被害や第六の絶滅時代とされるほどの生物多様性の喪失が続き，化学物質汚染が広がる等，人間の生命や社会・経済活動の基盤である環境の悪化が進行し，さらに，福島第一原子力発電所の過酷事故は，私たちの文明の豊かさに対する根源的な疑問を投げかけ，このままでは人類社会の存続さえも危ぶまれる危機的状況にある」と記されています。

　また，「これらの問題の解決に向けては，科学的根拠に基づく倫理的で政治的な判断と人間の叡智に基づく，大きな社会変革を伴う根源的な取組が不可欠ですが，国内においては，根源的な政策転換は遅々として進まず，持続可能性をないがしろにした目先の経済重視の政策が優先され続けている状況を憂い，様々な環境問題を克服し，すべての生命と人間活動の基盤である環境を基軸とした民主的で公正な持続可能な社会を構築するために，環境 NGO，NPO が各組織の個別の使命や目的を超えて，現世代と次世代の利益のために，たがいにつながり結集して，強く社会に働きかけていくためにグリーン連合を設立する」と記されています。このグリーン連合の会員は，2017年8月現在で83団体になっています。

　また，2002年から生活環境を襲う揮発性有機汚染物質（略号：VOC）について調査研究を行ってきた「化学物質による大気汚染を考える会」を基礎に，2010年に，NPO 法人 **化学物質による大気汚染から健康を守る会**（通称：VOC研究会）[207]が設立されています。この会は，大気汚染防止のための知識・技術の向上と普及に関する事業として，大気汚染による被害状況の把握と広報，新しい VOC と健康被害に関する調査・研究，大気中の VOC の測定，及びセミナーや出版物による調査結果の普及等を行うとしています。

また，1990 年に，化学物質と環境との調和という目標を掲げ，（一社）日本化学会の支援で約 200 人の研究者を中心に発足し，1996 年からは，会員を研究者以外に広げて活動しているエコケミストリー研究会[152]があります。

この**エコケミストリー研究会**は，「農薬，洗剤，溶剤，工業原料等の約 10 万種類の化学物質が製造・販売され，生活のさまざまな場所で使われ，また，廃棄物の焼却，自動車，その他の活動からも多くの有害物質が生成して環境中に排出されていること，これらのなかには，がんの原因あるいは人や生物の生殖能に悪影響を与えると考えられるもの，室内汚染による被害の原因になると考えられているもの等，人や生態系に対して有害なものが多数あること，フロン類等の地球環境に悪影響を与えるものもあること等から，化学物質が製造，副生，輸送，貯蔵，使用，廃棄されるすべての段階で環境と調和するシステムを築くために，所属，立場，専門，地域等が異なる人が，最新情報を共有し，意見を交換する場を提供することを目的」としています。

このエコケミストリー研究会では，工業薬品，農薬，日用品をはじめとする各種の製品のなかの合成化学物質（医薬品・食品を除く），及び燃焼や焼却，水の塩素処理，各種の製造工程，あるいは環境中での反応等で意図せずに生成してしまう化学物質の環境との調和について，以下の領域を扱うとしています。

① 化学物質の各種の毒性，オゾン層破壊特性，残留性，蓄積性等の有害性の実測データや評価方法及び予測方法等に関する領域

② 環境中での挙動の実測データと予測方法，発生源の調査，分析とモニタリングの方法や実施結果，人及び生態系への悪影響の評価方法や実態調査等に関する領域

③ 化学物質の環境安全情報の提供と利用のシステム，有害性の表示方法，リスク削減政策についての意見交換システム，リスクについての意識調査，関係者・市民の意見発表等に関する領域

④ 有害性の低い物質の開発，有害物質を使用しない生産方法，有害化学物質の規制や指導の方法，企業内での管理方法，適正使用の指導・徹底の方法，排出の抑制方法，再利用の方法，排水・排ガス・廃棄物等の処理・

処分の方法等に関する領域

　また，会員情報誌「化学物質と環境」を年6回，2017年11月現在で146号まで発行し，シンポジウム，セミナー，講習会等を40回開催しています。さらに，環境汚染物質排出・移動登録（略号：PRTR）関連の情報提供ウェブサイトの構築と運営，及び残留性有機汚染物質（略号：POPs）に関する情報提供ウェブサイトの構築と日本POPsネットワークの運営等も行っています。

　このエコケミストリー研究会の2016年末現在の会員数は，大学教員，国公立研究所等の研究者，行政官，民間企業人，環境NGO関係者，マスコミ関係者，弁護士，政治家，学生等の幅広い個人会員が約300名，各種産業分野の民間企業，社団・財団，地方自治体，生協等の団体会員が約100となっています。

　なお，これらのNGO，NPO，市民団体等には，いずれも活動資金や人手の不足に悩み，思うような活動ができない状態の団体が多くあり，皆さんの支援を待っています。

　本書を読まれた方がこれらの団体に参加したり，これらの団体になんらかの支援をして頂けることを期待します。

お わ り に

　本書では，身近に多数あり，私たちの生活を包んでいながら，詳しいことについてはわかりにくく，なじみにくい「化学物質」について，化学物質とはなにかから始まり，化学物質製造業の現状と将来，及び農業用，工業用，医療用，家庭用等の化学製品の普及と貢献の状況を解説した上で，過去と現在の化学物質によるさまざまな被害の事例や環境汚染の事例等を示し，製造や使用の規制・管理のための法律と環境汚染の規制のための法律の現状を紹介し，今後の方向を考える参考としました。

　合成化学物質の種類や性質はとても多種多様であり，また，次々と新しい化学物質や新しい用途が誕生しています。さらに，製造と使用の国際化，汚染の世界化も進んでいます。このため，生命の誕生や人類の誕生からの歴史のなかで，極瞬間である数十年の間に，爆発的に製造と使用が増えた合成化学物質について，科学的情報に基づくコントロールが間に合わない状況になっています。

　こうした状況だからこそ，合成化学物質のプラス面とマイナス面を理解して，予防的管理を進め，安全に利用することがとても重要になっています。

　「はじめに」にも書きましたが，専門知識の程度によらず，興味のある部分，読める部分だけでも本書を読んで頂き，また，引用情報源を調べて頂いて，少しでも化学物質との付き合い方を考えて頂ければ幸いです。

　おわりに，ご多忙のなかで本書に目を通して頂いて，すいせんの言葉を頂いた，化学物質についての一流の専門家おられる北野大　秋草学園短期大学学長・淑徳大学名誉教授に深く感謝致し，また，本書の原稿作成にご協力頂いた有限会社環境資源システム総合研究所の皆さん，本書の出版にご尽力頂いたコロナ社の方々に，心より感謝いたします。

引用・参考情報

この「引用・参考情報」の PDF ファイルがコロナ社の Web ページ（http://www.coronasha.co.jp/np/isbn/9784339066432/）にございます。ご活用ください。なお，ここに掲載した URL は 2017 年 11 月のものです。

1) 化学物質の審査及び製造等の規制に関する法律
    http://law.e-gov.go.jp/htmldata/S48/S48HO117.html
2) 経済産業省：化審法とは
    http://www.meti.go.jp/policy/chemical_management/kasinhou/about/about_index.html
3) 特定化学物質の環境への排出量の把握等及び管理の改善の促進に関する法律
    http://law.e-gov.go.jp/htmldata/H11/H11HO086.html
4) A division of the American Chemical Society, Chemical Abstract Service（CAS）
    http://www.cas-japan.jp/about-cas/faqs.html
5) （一社）日本化学工業協会
    https://www.nikkakyo.org/
6) （独）石油天然ガス・金属鉱物資源機構：リンの需給動向 1-1. 世界の需給動向 2014
    http://mric.jogmec.go.jp/public/report/2015-03/31_201504_P.pdf
7) 経済産業省資源エネルギー庁：平成 28 年度エネルギーに関する年次報告（エネルギー白書 2017）
    http://www.enecho.meti.go.jp/about/whitepaper/2017pdf/
8) （一財）日本エネルギー経済研究所：2017 年度の日本の経済・エネルギー需給見通し
    https://eneken.ieej.or.jp/press/press161221_a.pdf
9) 農薬取締法
    http://law.e-gov.go.jp/htmldata/S23/S23HO082.html
10) 農林水産省：農薬の生産・出荷量の推移（平成元農薬年度 ～ 26 農薬年度）
    http://www.maff.go.jp/j/nouyaku/n_info/pdf/26_seisan_suii.pdf

11) 農薬工業会：平成 27 農薬年度出荷実績
   http://www.jcpa.or.jp/labo/data/H27.pdf

12) 農林水産省：農業生産資材（農機，肥料，農薬，飼料など）コストの現状及びその評価について
   http://www.kantei.go.jp/jp/singi/keizaisaisei/jjkaigou/dai33/siryou2.pdf

13) 本川　裕：社会実情データ図録「主要国の農薬使用量推移」
   http://www2.ttcn.ne.jp/honkawa/0540.html

14) 肥料取締法
   http://law.e-gov.go.jp/htmldata/S25/S25HO127.html

15) 国土交通省下水道部：下水道におけるリン資源化の手引き
   https://www.mlit.go.jp/common/000113958.pdf

16) 農林水産省：肥料をめぐる事情（平成 29 年 10 月）
   http://www.maff.go.jp/j/seisan/sien/sizai/s_hiryo/attach/pdf/index-3.pdf

17) 新藤純子：食料増産と資源・環境問題としての肥料，第 32 回農業環境シンポジウム（2010 年 5 月 26 日）
   http://www.naro.affrc.go.jp/archive/niaes/magazine/pdf/mgzn12301(3).pdf

18) （一社）プラスチック循環利用協会：プラスチックリサイクルの基礎知識
   https://www.pwmi.or.jp/pdf/panf1.pdf

19) 塩ビ工業・環境協会：プラスチック原材料の生産推移
   http://www.vec.gr.jp/lib/lib2_4.html

20) 日本プラスチック工業連盟：世界と主要国のプラスチック生産量
   http://www.jpif.gr.jp/5topics/conts/world3_c.htm

21) 総務省：平成 28 年版情報通信白書「情報通信端末の世帯保有率の推移」
   http://www.soumu.go.jp/johotsusintokei/whitepaper/ja/h28/pdf/n5200000.pdf

22) Answers News：最新版国内製薬会社 2016 年度決算ランキング
   http://answers.ten-navi.com/pharmanews/9919/

23) 日本医薬品卸連合会：卸医薬品販売額に占める医療用・一般用医薬品の年次別推移
   http://www.jpwa.or.jp/jpwa/graph2-j.html?20170105

24) Answers News：2016 年 製薬会社 世界ランキング
   https://answers.ten-navi.com/pharmanews/9102/

25) OECD：Health at a Glance 2015
   http://apps.who.int/medicinedocs/documents/s22177en/s22177en.pdf

26) 環境省：PRTR インフォメーション広場
http://www.env.go.jp/chemi/prtr/risk0.html

27) 厚生労働省：平成 22 年度薬事・食品衛生審議会医薬品等安全対策部会安全対策調査会（第 2 回）資料「ディート（忌避剤）の安全性について」
http://www.mhlw.go.jp/stf2/shingi2/2r9852000000jff9-att/2r9852000000jfmo.pdf

28) フマキラー(株)：2016 年 3 月期 決算説明会資料，p.51
http://www.irwebcasting.com/20160601/1/2d058218ad/media/20160601_01.pdf

29) 毒物及び劇物取締法
http://law.e-gov.go.jp/htmldata/S25/S25HO303.html

30) 日本石鹸洗剤工業会：洗剤の販売推移
http://jsda.org/w/00_jsda/5toukei_b.html

31) 消費者庁：家庭用品品質表示法とは
http://www.caa.go.jp/policies/policy/representation/household_goods/outline/outline_01.html

32) 労働安全衛生法
http://law.e-gov.go.jp/htmldata/S47/S47HO057.html

33) 医薬品，医療機器等の品質，有効性及び安全性の確保等に関する法律
http://www.houko.com/00/01/S35/145.HTM

34) 食品衛生法
http://law.e-gov.go.jp/htmldata/S22/S22HO233.html

35) 厚生労働省：食品添加物
http://www.mhlw.go.jp/stf/seisakunitsuite/bunya/kenkou_iryou/shokuhin/syokuten/

36) 日本香料工業会：香料統計
http://www.jffma-jp.org/profile/statistics.html

37) Leffingwell & Associates：2012 - 2016 Flavor & Fragrance Industry Leaders
http://www.leffingwell.com/top_10.htm

38) 芳香消臭脱臭剤協議会
http://www.houkou.gr.jp/

39) 消防法
http://law.e-gov.go.jp/htmldata/S23/S23HO186.html

40) 総務省消防庁：平成 28 年中の危険物に係る事故の概要の公表

http://www.fdma.go.jp/neuter/topics/houdou/h29/05/290530_houdou_3.pdf

41）　総務省消防庁：平成 28 年（1 〜 12 月）における火災の概要（概数）
http://www.fdma.go.jp/neuter/topics/houdou/h29/04/290425_houdou_1.pdf

42）　消防防災博物館：火災・事故防止に資する防災情報データベース
http://www.bousaihaku.com/cgi-bin/bousaiinfo/index.cgi

43）　農林水産省：農薬の使用に伴う事故及び被害の発生状況について
http://www.maff.go.jp/j/nouyaku/n_topics/h20higai_zyokyo.html

44）　農薬工業会：刊行物・書籍
http://www.jcpa.or.jp/labo/books/

45）　農薬ネット
http://nouyaku.net/

46）　農林水産省：農林水産航空事業の実施状況の推移
http://www.maff.go.jp/j/syouan/syokubo/gaicyu/g_kouku_zigyo/

47）　農林水産省：消費・安全局植物防疫課長通知「平成 29 年度の無人航空機利用
における安全対策の徹底について」
http://www.maff.go.jp/j/syouan/syokubo/gaicyu/g_kouku_zigyo/mizin_tuuti/
attach/pdf/index-1.pdf

48）　OurWorld 国連大学ウェブマガジン「モンサント社の綿花事業における失態」
https://ourworld.unu.edu/jp/monsantos-cotton-strategy-wears-thin#

49）　(一社)アクト・ビヨンド・トラスト：ネオニコチノイド系農薬の危険性を，
科学者が警告しています
http://www.actbeyondtrust.org/wp-content/uploads/2016/04/tsuikakobo_
kikensei_2016.pdf

50）　国際環境 NGO グリーンピース：EU でネオニコチノイド系農薬の規制スター
ト！
http://www.greenpeace.org/japan/ja/news/blog/staff/eu/blog/47604/

51）　the guardian：Europe poised for total ban on bee-harming pesticides
https://www.theguardian.com/environment/2017/mar/23/europe-poised-for-
total-ban-on-bee-harming-pesticides

52）　有機農業ニュースクリップ：ネオニコチノイド農薬関連年表
http://organic-newsclip.info/nouyaku/neonico-table.html

53）　農林水産省：蜜蜂被害事例調査（平成 28 年 7 月）
http://www.maff.go.jp/j/press/syouan/nouyaku/pdf/160707-02.pdf

54）　農林水産省：花粉交配用みつばちの安定確保に向けた取組の推進について

　　　http://www.maff.go.jp/j/nouyaku/n_mitubati/pdf/090724_mitubati.pdf

55)　建築物における衛生的環境の確保に関する法律
　　　http://law.e-gov.go.jp/htmldata/S45/S45HO020.html

56)　日本家庭用殺虫剤工業会：家庭用殺虫剤概論Ⅲ
　　　http://www.sacchuzai.jp/static/pdf/gairon.pdf

57)　厚生労働省：「平成 27 年度 家庭用品等に係る健康被害病院モニター報告」を
　　　公表します
　　　http://www.mhlw.go.jp/stf/houdou/0000146846.html

58)　厚生労働省：平成 24 年度 食品中の残留農薬等検査結果について
　　　http://www.mhlw.go.jp/stf/seisakunitsuite/bunya/0000133358.html

59)　岸本卓巳：日本のじん肺の現状について，日本職業災害医学会誌，**53**，
　　　pp.54-60（2005）
　　　http://www.jsomt.jp/journal/pdf/053020054.pdf

60)　厚生労働省：業務上疾病発生状況等調査（平成 27 年），総合版，業務上疾病
　　　発生状況等調査結果「じん肺管理区分の決定状況（年次別）」
　　　http://www.mhlw.go.jp/bunya/roudoukijun/anzeneisei11/h27.html

61)　大気汚染防止法
　　　http://law.e-gov.go.jp/htmldata/S43/S43HO097.html

62)　環境省：大気汚染防止法の概要
　　　http://www.env.go.jp/air/osen/law/

63)　廃棄物の処理及び清掃に関する法律
　　　http://law.e-gov.go.jp/htmldata/S45/S45HO137.html

64)　廃棄物の処理及び清掃に関する法律施行令
　　　http://law.e-gov.go.jp/htmldata/S46/S46SE300.html

65)　(独)環境再生保全機構：アスベスト（石綿）による健康被害の実態
　　　https://www.erca.go.jp/asbestos/what/higai/jittai.html

66)　環境省：石綿（アスベスト）問題への取組「建築物の解体等に係る石綿飛散
　　　防止対策マニュアル 2014.6」
　　　http://www.env.go.jp/air/asbestos/litter_ctrl/manual_td_1403/

67)　牧　祥，縄田英樹，小川康恭：平成 7 年から 18 年までの我が国の有機溶剤中
　　　毒事例の解析，産業衛生学雑誌，**53**（3），pp.87-100（2011）
　　　https://www.jstage.jst.go.jp/article/sangyoeisei/53/3/53_B10012/_pdf

68)　有機溶剤中毒予防規則
　　　http://law.e-gov.go.jp/htmldata/S47/S47F04101000036.html

69)　(公社)日本産業衛生学会：作業環境許容濃度の勧告について
　　　https://www.sanei.or.jp/?mode=view&cid=309
70)　中央災害防止協会安全衛生情報センター：安全衛生行政発表資料
　　　https://www.jaish.gr.jp/information/mhlw/rodoh.html
71)　厚生労働省：シックハウス（室内空気汚染）問題に関する検討会
　　　http://www.mhlw.go.jp/stf/shingi/other-iyaku.html?tid=128714
72)　東京都健康安全研究センター：室内空気中の化学物質
　　　http://www.tokyo-eiken.go.jp/lb_kankyo/room/index-j/
73)　(NPO)神奈川労災職業病センター：化学物質による健康被害
　　　http://koshc.sakura.ne.jp/index.php?key=mud9aw5la-48
74)　(NPO)化学物質過敏症支援センター
　　　http://www.cssc.jp/aboutcenter.html
75)　東京電力福島原子力発電所における事故調査・検証委員会：最終報告書
　　　http://www.cas.go.jp/jp/seisaku/icanps/post-2.html
76)　環境省：除染情報サイト
　　　http://josen.env.go.jp/
77)　総合資源エネルギー調査会：発電コスト検証ワーキンググループ（第6回会
　　　合）資料1「長期エネルギー需給見通し小委員会に対する発電コスト等の検証
　　　に関する報告（案）平成27年4月」
　　　http://www.enecho.meti.go.jp/committee/council/basic_policy_subcommittee/
　　　mitoshi/cost_wg/006/pdf/006_05.pdf
78)　公害健康被害の補償等に関する法律
　　　http://law.e-gov.go.jp/htmldata/S48/S48HO111.html
79)　衆議院調査局環境調査室：水俣病問題の概要（2015年6月）
　　　http://www.shugiin.go.jp/internet/itdb_rchome.nsf/html/rchome/Shiryo/
　　　kankyou_201506_minamata.pdf/$File/kankyou_201506_minamata.pdf
80)　水俣病被害者の救済及び水俣病問題の解決に関する特別措置法
　　　http://law.e-gov.go.jp/htmldata/H21/H21HO081.html
81)　環境省：公害健康被害の補償等に関する法律に基づく水俣病の認定における
　　　総合的検討について（通知）
　　　https://www.env.go.jp/hourei/add/n002.pdf
82)　厚生労働省：薬事・食品衛生審議会食品衛生分科会乳肉水産食品・毒性合同
　　　部会（平成15年6月3日開催）の検討結果概要等について
　　　http://www.mhlw.go.jp/topics/bukyoku/iyaku/syoku-anzen/suigin/

83) 厚生労働省：魚介類に含まれる水銀について
http://www.mhlw.go.jp/topics/bukyoku/iyaku/syoku-anzen/suigin/

84) 環境省：水銀に関する水俣条約の概要
http://www.env.go.jp/chemi/tmms/convention.html

85) 富山県立イタイイタイ病資料館
http://www.pref.toyama.jp/branches/1291/

86) 川田篤志：北陸中日新聞，2014 年 10 月 2 日

87) 農林水産省：食品中のカドミウムに関する情報
http://www.maff.go.jp/j/syouan/nouan/kome/k_cd/index2016.html

88) 関係省庁共通パンフレット「ダイオキシン類」
https://www.env.go.jp/chemi/dioxin/pamph/2012.pdf

89) 環境省：ダイオキシン類挙動モデルハンドブック
https://www.env.go.jp/chemi/dioxin/hand/handbook.pdf

90) 土壌汚染対策法
http://law.e-gov.go.jp/htmldata/H14/H14HO053.html

91) 環境省：土壌汚染対策法について
http://www.env.go.jp/water/dojo/law/kaisei2009.html

92) 環境省：平成 26 年度土壌汚染対策法の施行状況及び土壌汚染調査・対策事例
等に関する調査結果
http://www.env.go.jp/water/report/h28-01/index.html

93) 経済産業省：なるほど！ケミカル・ワンダータウン「合成洗剤と環境問題」
http://www.meti.go.jp/policy/chemical_management/chemical_wondertown/
drugstore/page04.html

94) レイチェル・カーソン（著），青樹簗一（訳）：沈黙の春，新潮社（1974）

95) シーア・コルボーンら（著），長尾力（訳），井口泰泉（解説）：奪われし未来
（増補改定版），翔泳社（2001）

96) 環境省：子どもの健康と環境に関する全国調査（エコチル調査）
http://www.env.go.jp/chemi/ceh/about/

97) 浦野紘平：微量 PCB 含有廃電気機器等の取扱施設において空気中 PCB に対す
る安全対策はどの程度必要か，日中環境産業，**49**（4），pp.55-64（2013）

98) 浦野紘平，浦野真弥：850℃ を下回る温度での微量 PCB 汚染絶縁油等の焼却処
理，環境技術，**45**（8），pp.423-428（2016）

99) 環境省：ストックホルム条約
http://www.env.go.jp/chemi/pops/treaty.html

100)　環境省：平成 27 年度海洋ごみ調査の結果について
　　　　http://www.env.go.jp/press/103845.html

101)　World Economic Forum：Industry Agenda "The New Plastics Economy：
　　　　"Rethinking the Future of Plastics"（January 2016）
　　　　http://www3.weforum.org/docs/WEF_The_New_Plastics_Economy.pdf
　　　　日本語訳は，エレン・マッカーサー財団：最新ニュース「2050 年までに，海
　　　　洋には魚よりも廃棄プラスチックのほうが多くなる」
　　　　https://sustainablejapan.jp/2016/02/14/new-plastics-economy/21156

102)　環境省：温室効果ガス総排出量算定方法ガイドライン
　　　　https://www.env.go.jp/policy/local_keikaku/jimu/data/santeiguideline.pdf

103)　環境省：ノンフロン化の推進
　　　　http://www.env.go.jp/earth/ozone/non-cfc.html

104)　気象庁：世界の年平均気温
　　　　http://www.data.jma.go.jp/cpdinfo/temp/an_wld.html

105)　環境省：気候変動に関する政府間パネル（IPCC）第 5 次評価報告書（AR5）
　　　　について
　　　　http://www.env.go.jp/earth/ipcc/5th/

106)　国立環境研究所 地球環境研究センター：ここが知りたい地球温暖化
　　　　http://www.cger.nies.go.jp/ja/library/qa/qa_index-j.html

107)　気象庁：温室効果ガスの種類
　　　　http://www.data.jma.go.jp/cpdinfo/chishiki_ondanka/p04.html

108)　気象庁：温室効果ガス
　　　　http://ds.data.jma.go.jp/ghg/info_ghg.html

109)　経済産業省 産業技術環境局：地球温暖化問題について（平成 27 年 7 月）
　　　　http://www.meti.go.jp/committee/sankoushin/sangyougijutsu/pdf/002_03_
　　　　00.pdf

110)　奈良女子大学大気研究グループ
　　　　http://www.ics.nara-wu.ac.jp/lab/ozonegroup/study_ch4.html

111)　環境省：日本の温室効果ガス排出量の算定結果
　　　　http://www.env.go.jp/earth/ondanka/ghg/

112)　全国地球温暖化防止活動推進センター：すぐ使える図表集「日本における温
　　　　室効果ガス排出量の推移（1990-2015 年度）」
　　　　http://www.jccca.org/chart/chart04_01.html

113)　ダイオキシン・環境ホルモン対策国民会議

http://kokumin-kaigi.org/

114) 原子力基本法
http://law.e-gov.go.jp/htmldata/S30/S30HO186.html

115) 放射性同位元素等による放射線障害の防止に関する法律
http://law.e-gov.go.jp/htmldata/S32/S32HO167.html

116) 電離放射線障害防止規則
http://law.e-gov.go.jp/htmldata/S47/S47F04101000041.html

117) 文部科学省：平成十二年科学技術庁告示第五号（放射線を放出する同位元素の数量等）
http://www.mext.go.jp/b_menu/hakusho/nc/k20001023001/k20001023001.html

118) 核原料物質，核燃料物質及び原子炉の規制に関する法律
http://law.e-gov.go.jp/htmldata/S32/S32HO166.html

119) 医療法
http://law.e-gov.go.jp/htmldata/S23/S23HO205.html

120) 放射性同位元素等による放射線障害の防止に関する法律施行令
http://law.e-gov.go.jp/htmldata/S35/S35SE259.html

121) 日本原燃：安全対策を第一に低レベル放射性廃棄物を埋設管理
http://www.jnfl.co.jp/recruit/business/maisetsu.html

122) 環境省：アスベスト含有建材の使用量及び今後の排出量の見込み
https://www.env.go.jp/recycle/report/h18-01/chpt3.pdf

123) 石綿障害予防規則
http://law.e-gov.go.jp/htmldata/H17/H17F19001000021.html

124) 石綿による健康被害の救済に関する法律
http://law.e-gov.go.jp/htmldata/H18/H18HO004.html

125) 環境省：大気汚染防止法における石綿飛散防止対策の解説
https://www.env.go.jp/air/asbestos/litter_ctrl/manual_td_1403/chpt2.pdf

126) 環境省：廃棄物処理法における廃石綿等の扱い
http://www.env.go.jp/recycle/waste/sp_contr/04.html

127) 国土交通省：建築基準法による石綿規制の概要
http://www.mlit.go.jp/sogoseisaku/asubesuto/houritsu/071001.html

128) 環境省：PCB の基準等に係る諸外国の概況一覧
http://www.env.go.jp/council/former2013/03haiki/y0316-02/mat02.pdf

129) 電気事業法

　　　http://law.e-gov.go.jp/htmldata/S39/S39HO170.html

130)　ポリ塩化ビフェニル廃棄物の適正な処理の推進に関する特別措置法
　　　http://law.e-gov.go.jp/htmldata/H13/H13HO065.html

131)　中間貯蔵・環境安全事業(株)
　　　http://www.jesconet.co.jp/company/

132)　経済産業省：電気関係報告規則及び電機設備に関する技術基準を定める省令
　　　の一部を改正する省令について
　　　http://www.meti.go.jp/policy/safety_security/industrial_safety/oshirase/2016/
　　　09/280923-1.html

133)　浦野真弥，浦野紘平：各種低濃度 PCB 廃棄物の量とそれらの PCB 量の推算，
　　　環境科学会誌，**28**（5），pp.359-368（2015）

134)　浦野真弥，浦野紘平：PCB 含有安定器の数量と処理経費の解析，環境科学会
　　　誌，**28**（5），pp.383-391（2015）

135)　環境省：「ポリ塩化ビフェニル廃棄物の適正な処理の推進に関する特別措置法
　　　施行令の一部を改正する政令」等の公布について
　　　http://www.env.go.jp/press/102817.html

136)　環境省：未届出の PCB 含有機器の掘り起こし調査について
　　　https://www.env.go.jp/recycle/poly/confs/tekisei/11/ref03.pdf

137)　小口正弘，浦野紘平，米田和正，折戸 敢，加藤みか：微量 PCB 含有油の焼却
　　　無害化処理条件の検討，廃棄物学会論文誌，**19**（6），pp.414-419（2008）

138)　規制改革会議への経団連規制改革要望，廃棄物・リサイクル，環境保全分野
　　　「18 微量 PCB で汚染された大型機器の筐体処理の実現，19 微量 PCB 汚染物の
　　　定義の明確化と低温焼却による無害化認定の推進」
　　　http://www.keidanren.or.jp/japanese/policy/2011/088/04.pdf

139)　ダイオキシン類対策特別措置法
　　　http://law.e-gov.go.jp/htmldata/H11/H11HO105.html

140)　環境省：ダイオキシン類対策特別措置法に基づく基準等
　　　http://www.env.go.jp/chemi/dioxin/outline/kijun.html

141)　特定家庭用機器再商品化法
　　　http://law.e-gov.go.jp/htmldata/H10/H10HO097.html

142)　使用済自動車の再資源化等に関する法律
　　　http://law.e-gov.go.jp/htmldata/H14/H14HO087.html

143)　フロン類の使用の合理化及び管理の適正化に関する法律
　　　http://www.env.go.jp/earth/ozone/cfc/law/kaisei_h27/sandanhyo_160329.pdf

144)　(NPO)消防環境ネットワーク：ハロンに関する通知集
　　　　http://www.sknetwork.or.jp/tsuchi.php

145)　地球温暖化対策の推進に関する法律
　　　　http://law.e-gov.go.jp/htmldata/H10/H10HO117.html

146)　環境省：地球温暖化対策のための税の導入
　　　　http://www.env.go.jp/policy/tax/about.html

147)　経済産業省：長期地球温暖化対策プラットフォーム報告書―我が国の地球温
　　　　暖化対策の進むべき方向―平成 29 年 4 月 7 日
　　　　http://www.meti.go.jp/press/2017/04/20170414006/20170414006-1.pdf

148)　(一財)日本原子力文化財団：原子力・エネルギー図面集 2017
　　　　http://www.ene100.jp/map_title

149)　(独)農林水産消費安全技術センター
　　　　http://www.famic.go.jp/

150)　厚生労働省：食品中の残留農薬等
　　　　http://www.mhlw.go.jp/stf/seisakunitsuite/bunya/kenkou_iryou/shokuhin/
　　　　zanryu/index.html

151)　厚生労働省：水道法関連法規等
　　　　http://www.mhlw.go.jp/stf/seisakunitsuite/bunya/topics/bukyoku/kenkou/
　　　　suido/hourei/suidouhou/

152)　エコケミストリー研究会
　　　　http://www.ecochemi.jp/

153)　植月献二：農薬の持続可能な使用に向けて―2009 年 EU 農薬指令制定をめぐっ
　　　　て―，外国の立法，**247**（2011）
　　　　http://www.ndl.go.jp/jp/diet/publication/legis/pdf/02470001.pdf

154)　REGULATION（EC）No 1107/2009 OF THE EUROPEAN PARLIAMENT AND
　　　　OF THE COUNCIL
　　　　http://extwprlegs1.fao.org/docs/pdf/eur103352.pdf

155)　DIRECTIVE 2009/128/EC OF THE EUROPEAN PARLIAMENT AND OF THE
　　　　COUNCIL
　　　　http://eur-lex.europa.eu/LexUriServ/LexUriServ.do?uri=OJ:L:2009:309:0071:00
　　　　86:en:PDF

156)　Consolidated TEXT produced by the CONSLEG system of the Office for Official
　　　　Publications of the European Communities
　　　　http://www.reach-compliance.eu/greek/legislation/docs/launchers/biocides/

launch-1991-414-EEC-consolidated04.html

157) Pesticide Action Network International（PAN, 国際農薬行動ネットワーク）
http://pan-international.org/

158) 環境省：環境政策における予防的方策・予防原則のあり方に関する研究会報告書
http://www.env.go.jp/policy/report/h16-03/

159) 経済産業省：欧州の新たな化学品規制（REACH 規則）に関する解説書
http://www.meti.go.jp/policy/chemical_management/int/files/reach/080526
reach_kaisetusyo.pdf

160) ClientEarth：REACH registration and endocrine disrupting chemicals
https://www.clientearth.org/reports/reach-registration-and-endocrine-disrupting-
chemicals.pdf

161) 農林水産省：平成 27 年度食品廃棄物等の年間発生量及び食品循環資源の再生利用等実施率（推計値）
http://www.maff.go.jp/j/shokusan/recycle/syokuhin/attach/pdf/kouhyou-9.pdf

162) 飼料の安全性の確保及び品質の改善に関する法律
http://law.e-gov.go.jp/htmldata/S28/S28HO035.html

163) 農林水産省：飼料をめぐる情勢，平成 28 年 8 月
http://www.maff.go.jp/j/chikusan/kikaku/lin/l_hosin/attach/pdf/index-27.pdf

164) 危険物の規制に関する政令
http://law.e-gov.go.jp/htmldata/S34/S34SE306.html

165) 消防法危険物および指定数量
http://www.chemeng.titech.ac.jp/private/kikenbutsu.html

166) 高圧ガス保安法
http://law.e-gov.go.jp/htmldata/S26/S26HO204.html

167) 環境省：GHS
http://www.env.go.jp/chemi/ghs/

168) 経済産業省：政府向け GHS 分類ガイダンス（平成 25 年度改訂版 Ver.1.1）
http://www.meti.go.jp/policy/chemical_management/int/files/ghs/h25ver1.1
jgov.pdf

169) 致死量ランキング半数致死量（mg/kg）表示
http://1000nichi.blog73.fc2.com/blog-entry-2129.html

170) （一財）化学物質評価研究機構：（定量的）構造活性相関（（Q）SAR）等による予測を用いた評価

　　　　http://www.cerij.or.jp/service/11_other/QSAR.html
171)　経済産業省：化審法における物理化学的性状・生分解性・生物濃縮性データ
　　　　の信頼性評価等について【改訂第 1 版】
　　　　http://www.meti.go.jp/policy/chemical_management/kasinhou/files/
　　　　information/ra/reliability_criteria02_140630_00.pdf
172)　(独)農林水産消費安全技術センター：「農薬の登録申請に係る試験成績につい
　　　　て」の運用について
　　　　https://www.acis.famic.go.jp/shinsei/3986/3986.pdf
173)　環境省：SAICM
　　　　http://www.env.go.jp/chemi/saicm/
174)　環境省：「SAICM 国内実施計画」の策定について（お知らせ），平成 24 年 9 月
　　　　http://www.env.go.jp/press/15683.html
175)　労働安全衛生法施行令
　　　　http://law.e-gov.go.jp/htmldata/S47/S47SE318.html
176)　労働安全衛生規則
　　　　http://law.e-gov.go.jp/htmldata/S47/S47F04101000032.html
177)　厚生労働省：建築物環境衛生管理基準について
　　　　http://www.mhlw.go.jp/bunya/kenkou/seikatsu-eisei10/
178)　(一社)日本自動車工業会：車室内 VOC（揮発性有機化合物）低減に対する自
　　　　主取り組み
　　　　http://www.jama.or.jp/eco/voc/
179)　自動車室内の揮発性有機化合物（VOCs）濃度
　　　　http://www.kcn.ne.jp/~azuma/news/Sept1999/990929.html
180)　有害物質を含有する家庭用品の規制に関する法律
　　　　http://law.e-gov.go.jp/htmldata/S48/S48HO112.html
181)　有害物質を含有する家庭用品の規制に関する法律施行規則
　　　　http://law.e-gov.go.jp/htmldata/S49/S49F03601000034.html
182)　厚生労働省：食品衛生法における農薬の残留基準について
　　　　http://www.caa.go.jp/jisin/r_commu/pdf/140916shiryou3.pdf
183)　環境省：自動車排出ガス規制について
　　　　http://www.env.go.jp/air/car/gas_kisei.html
184)　環境省：自動車 NOx・PM 法について
　　　　http://www.env.go.jp/air/car/noxpm.html
185)　悪臭防止法

　　　http://law.e-gov.go.jp/htmldata/S46/S46HO091.html

186)　環境省：悪臭防止法の概要
　　　http://www.env.go.jp/air/akushu/low-gaiyo.html

187)　水質汚濁防止法
　　　http://law.e-gov.go.jp/htmldata/S45/S45HO138.html

188)　水質汚濁防止法施行令
　　　http://law.e-gov.go.jp/htmldata/S46/S46SE188.html

189)　Kohei Urano and Takao Takemasa：Formation Equation of Halogenated Organic
　　　Compounds When Water is Chlorinated, *Water Research*, **20** (12), pp.1 555-
　　　1 560 (1986)

190)　浦野紘平，三谷真人，芳賀伸之：水中の全有機ハロゲン量及び揮発性有機ハ
　　　ロゲン量の測定方法，水道協会誌，**52** (7)，pp.29-42 (1983)

191)　国土交通省：河川水質試験方法案「17. 有機ハロゲン化合物」
　　　http://www.mlit.go.jp/river/shishin_guideline/kasen/suishitsu/pdf/s05.pdf

192)　環境省：土壌汚染対策法について
　　　http://www.env.go.jp/water/dojo/law.html

193)　DIAMOND online：築地関係者が怒りの公開質問状！ずさん極まる豊洲新市場
　　　の帯水層調査
　　　http://diamond.jp/articles/-/86812

194)　東京都中央卸売市場：豊洲新市場予定地の土壌汚染はどうするの？
　　　http://www.shijou.metro.tokyo.jp/toyosu/faq/03/

195)　環境省：平成26年度土壌汚染対策法の施行状況及び土壌汚染調査・対策事例
　　　等に関する調査結果「土壌汚染状況調査及び区域の指定事例」
　　　www.env.go.jp/water/report/h28-01/03.pdf

196)　海洋汚染等及び海上災害の防止に関する法律
　　　http://law.e-gov.go.jp/htmldata/S45/S45HO136.html

197)　化学物質政策基本法を求めるネットワーク（略称：ケミネット）
　　　http://toxwatch.net/HP/cheminet/index.htm

198)　(特非)化学生物総合管理学会
　　　http://cbims.net/index.html

199)　The National Institute for Occupational Safety and Health（NIOSH, 米国労働安
　　　全衛生研究所），Other Data Resources, Hazards
　　　http://www.cdc.gov/niosh/data/dataresources.html

200)　(独)医薬品医療機器総合研究機構：医薬品・医療機器等安全性情報

https://www.pmda.go.jp/safety/info-services/drugs/calling-attention/safety-info/0043.html

201) 環境省：化学物質の生態影響試験について
http://www.env.go.jp/chemi/sesaku/01.html

202) U.S.EPA：ECOTOX Knowledgebase "Quick Database Query"
https://cfpub.epa.gov/ecotox/quick_query.htm

203) The International Council of Chemical Associations（ICCA, 国際化学工業協会）：
「Responsible Care®」
https://www.icca-chem.org/responsible-care/

204) せっけん運動ネットワーク
http://sekkennet.org/

205) （NPO)有害化学物質削減ネットワーク
http://toxwatch.net/

206) グリーン連合
http://greenrengo.jp/

207) （NPO)化学物質による大気汚染から健康を守る会（通称：VOC 研究会）
http://www.npovoc.org/

索　引

──── 著者略歴 ────

浦野　紘平（うらの　こうへい）
1965 年　横浜国立大学工学部安全工学科卒業
1967 年　東京工業大学大学院総合理工学研究科
　　　　博士課程前期修了（化学工学専攻）
1970 年　東京工業大学大学院総合理工学研究科
　　　　博士課程後期修了（化学工学専攻）
　　　　工学博士
1970 年　通商産業省公害資源研究所（現，産
　　　　業技術総合研究所）研究員
1972 〜　横浜国立大学講師，助教授，教授，
2011 年　特任教授
2002 年　有限会社環境資源システム総合研究
　　　　所所長
2012 年　横浜国立大学名誉教授
2017 年　有限会社環境資源システム総合研究
　　　　所会長
　　　　現在に至る

浦野　真弥（うらの　しんや）
1993 年　東京農工大学工学部物質生物工学科
　　　　卒業
1995 年　東京農工大学大学院工学研究科博士
　　　　前期課程修了（物質生物工学専攻）
1999 年　京都大学大学院工学研究科博士後期
　　　　課程単位取得退学（衛生工学専攻）
1999 年　京都大学環境保全センター研究員
2000 年　博士（工学）（京都大学）
2000 年　豊橋技術科学大学研究員
2004 年　横浜国立大学教務補佐員
〜12 年
2004 年　有限会社環境資源システム総合研究
　　　　所副社長
2017 年　同研究所社長
　　　　現在に至る

えっ! そうなの?!　私たちを包み込む化学物質

Actually?!　Chemicals Envelope Seriously Our Recent Life

2018 年 1 月 18 日　初版第 1 刷発行　　　　　　　　　　★

検印省略

著　　者　　浦　　野　　紘　　平
　　　　　　浦　　野　　真　　弥
発 行 者　　株式会社　　コ ロ ナ 社
　　　　　　代 表 者　　牛 来 真 也
印 刷 所　　萩 原 印 刷 株 式 会 社
製 本 所　　有 限 会 社　　愛 千 製 本 所

112-0011　東京都文京区千石 4-46-10
発 行 所　株式会社　コ ロ ナ 社
CORONA PUBLISHING CO., LTD.
Tokyo Japan
振替 00140-8-14844・電話(03)3941-3131(代)
ホームページ　http://www.coronasha.co.jp

ISBN 978-4-339-06643-2　C3043　Printed in Japan　　　　　（松岡）